计算机考研系列辅导书

计算机网络抢分攻略

真题分类分级详解 第2版

船说出品◎编著

人民邮电出版社

北京

图书在版编目（CIP）数据

计算机网络抢分攻略：真题分类分级详解 / 船说出品编著. -- 2版. -- 北京：人民邮电出版社，2024.7
（计算机考研系列辅导书）
ISBN 978-7-115-64358-2

Ⅰ.①计… Ⅱ.①船… Ⅲ.①计算机网络－研究生－入学考试－题解 Ⅳ.①TP393-44

中国国家版本馆CIP数据核字(2024)第091305号

内 容 提 要

本书面向参加计算机相关专业的硕士研究生招生考试（简称计算机考研）的考生，以全国硕士研究生招生考试计算机学科专业基础（简称全国统考）的考试大纲中计算机网络部分的内容为依据，在研究、分析全国统考和院校自主命题考试的历年真题及其命题规律的基础上编写而成。

本书对全国统考的考试大纲进行了深入解读，提供了应试策略，并根据计算机网络部分所涉及考点的知识体系分章讲解，每章以"知识点分类+经典例题精解"的形式，剖析了常考题型、命题特点及解题方法，帮助考生掌握解题思路与解题技巧。此外，章末提供了"过关练习"，供考生进行自测练习。本书还提供了针对计算机网络内容的2套全真模拟题，供考生实战演练。

本书适合参加计算机考研（包括全国统考和院校自主命题考试）的考生备考学习，也适合作为计算机相关专业学生的学习用书和培训机构的辅导用书。

◆ 编　著　船说出品
　　责任编辑　牟桂玲
　　责任印制　王　郁　焦志炜

◆ 人民邮电出版社出版发行　北京市丰台区成寿寺路11号
　　邮编 100164　电子邮件 315@ptpress.com.cn
　　网址 https://www.ptpress.com.cn
　　北京天宇星印刷厂印刷

◆ 开本：787×1092　1/16
　　印张：10.5　　　　　　　　　　2024年7月第2版
　　字数：249千字　　　　　　　　2024年7月北京第1次印刷

定价：39.90元

读者服务热线：(010)81055410　印装质量热线：(010)81055316
反盗版热线：(010)81055315
广告经营许可证：京东市监广登字 20170147 号

前 言

❖ 本书主旨

"计算机网络"是计算机学科的基础课程,也是计算机考研(包括全国统考和院校自主命题考试)涉及的重要内容。所以,学好计算机网络尤为重要!它不仅有助于培养学习者对计算机网络体系结构的分析和设计能力,也可以帮助考生更好地应对计算机考研,提高应试能力。

计算机考研题量大、涉及的知识点多,不少考生难以抓住重点,导致考试成绩不理想。为了帮助莘莘学子在较短的时间内掌握复习要点及解题方法,提高应试分数,我们深入研究与剖析计算机考研中的历年考点与考题,以全国统考的考试大纲为蓝本,以计算机考研中的重点和难点为主线,精心编写了本书。

❖ 主要学习目标

全国统考的考查内容包括 4 部分——数据结构、计算机组成原理、操作系统和计算机网络,重点考查考生掌握相关基础知识、基本理论的情况,以及分析问题、解决问题的能力。

其中,计算机网络部分的考查内容约占 17%。根据全国统考的考试大纲,本书主要帮助考生达成以下学习目标。

(1) 掌握计算机网络的基本概念、基本原理和基本方法。

(2) 掌握计算机网络的体系结构和典型网络协议,了解典型网络设备的组成和特点,理解典型网络设备的工作原理。

(3) 能够运用计算机网络的基本概念、基本原理和基本方法进行网络系统的分析、设计和应用。

❖ 本书主要特色

(1) 紧扣全国统考的考试大纲,明确复习要点,减少复习时间。

本书深入研究全国统考和院校自主命题考试的相关真题,依据全国统考的考试大纲分类提炼考点,不仅知识结构清晰,而且准确地对各考点进行考情分析,归纳有效的学习方法,帮助考生抓住复习重点,提高复习效率。

(2) 详细讲解大量真题和例题,揭示命题思路,点拨应试技巧。

对于每一个考点,注重结合不同的题型,采取以题代点、以点代面的方式进行讲解。所用题目均为精选的历年真题或精心编写的典型例题,考生不仅能在学习解题的过程中巩固所学知识,而且能熟悉各种题型的解题思路与命题特点,从而有效提高应试能力。

（3）提供特色栏目，直击命题要点，提高应试技能。

书中提供"知识链接""误区警示""解题技巧""高手点拨"4个栏目。其中，"知识链接"栏目主要给出题目涉及知识点的概念、理论，便于考生回顾考点，加深对知识的理解；"误区警示"栏目主要用于提示考生易犯的答题错误；"解题技巧"栏目主要提供快速解题的方法和答题技巧；"高手点拨"栏目主要总结解题方法和归纳重点、难点。

（4）章末提供"过关练习"，考生可加以练习，提高解题能力。

在章末，按该章考点所涉及的不同题型提供"过关练习"。这些练习题是根据章内相应考点在计算机考研中的命题类型及方式精心设计的。考生通过完成这些高质量的练习题，并将自己的答案与书中所提供的参考答案进行对照和检验，不仅可以巩固所学知识点，还可以进一步掌握重点、攻克难点，并能举一反三。

❖ 怎样使用本书

为了更好地使用本书，建议读者阅读以下提示。

（1）充分了解计算机考研的要求，明确复习思路。建议考生在充分了解全国统考的考试大纲的考查要求后，跟随本书复习考查重点，掌握解题思路和解题技巧，提高应试能力。

（2）抓住计算机考研重点，有的放矢。不主张考生采用题海战术，因为并不是练习题做得越多就越好。考查的方式虽然会千变万化，但是考查的知识点基本不变。考生应注意对各种知识点进行归纳总结，并全面提高自己的记忆能力，这样在复习时才能抓住重点，掌握解题要领，以不变应万变。

❖ 说明

本书中例题，若无特殊说明，均为单项选择题。

尽管编者精益求精，但由于水平有限，书中难免有不足之处，恳请广大读者批评指正，联系邮箱为 muguiling@ptpress.com.cn。

最后，我们相信一分耕耘，一分收获。衷心祝愿使用本书的读者都能开卷有益，更上一层楼！

编者

目 录

考纲分析与应试策略
- 一、考试简介 001
- 二、考试方式 001
- 三、考试大纲解读 002
- 四、应试经验与答题技巧 003
- 五、复习策略 006

第一章 计算机网络体系结构

第一节 计算机网络概述 008
- 考点1 计算机网络的定义和功能（★） 008
- 考点2 计算机网络的分类（★） 009
- 考点3 计算机性能指标（★） 010

第二节 计算机网络体系结构概述 011
- 考点4 计算机网络分层结构（★★★） 011
- 考点5 网络协议（★★★） 012
- 考点6 服务（★） 014
- 考点7 接口（★） 014

第三节 OSI 参考模型 015
- 考点8 物理层（★） 015
- 考点9 数据链路层（★★） 015
- 考点10 网络层（★★） 016
- 考点11 传输层（★★） 017
- 考点12 会话层（★★） 018
- 考点13 表示层（★） 018
- 考点14 应用层（★） 018

第四节 TCP/IP 模型 019
- 考点15 网络接口层（★） 019
- 考点16 网际层（★★） 019
- 考点17 传输层（★★） 020
- 考点18 应用层（★★） 020

第五节　五层模型 021
考点 19　物理层（★） 021
考点 20　数据链路层（★） 021
考点 21　网络层（★★） 021
考点 22　传输层（★★） 022
考点 23　应用层（★★） 022
过关练习 022
选择题 022
答案与解析 023

第二章　物理层

第一节　通信基础 026
考点 1　信道、信号、带宽（★★） 026
考点 2　码元、波特、速率（★★） 026
考点 3　信源、信宿（★） 027
第二节　数据传输计算 028
考点 4　奈奎斯特定理（★★★★） 028
考点 5　香农定理（★★★★） 029
第三节　调制与编码 030
考点 6　调制（★★） 030
考点 7　编码（★★★） 030
第四节　电路交换、报文交换与分组交换 032
考点 8　电路交换（★） 032
考点 9　报文交换（★★） 033
考点 10　分组交换（★★） 033
第五节　数据报与虚电路 034
考点 11　数据报（★★） 034
考点 12　虚电路（★★） 034
第六节　传输介质 035
考点 13　有线介质（★） 035
考点 14　无线介质（★） 035
考点 15　物理层接口的特性（★） 036
第七节　物理层设备 037
考点 16　中继器（★） 037
考点 17　集线器（★） 037
过关练习 038
选择题 038
综合应用题 040
答案与解析 040

第三章 数据链路层

第一节 数据链路层的功能 044
- 考点1 数据链路层的概念（★）.. 044
- 考点2 组帧（★★）.. 044

第二节 差错控制 045
- 考点3 检错编码：奇偶校验码（★★）.. 045
- 考点4 检错编码：循环冗余码（★★）.. 045
- 考点5 纠错编码：海明码（★★）.. 046

第三节 流量控制与可靠传输 046
- 考点6 流量控制、可靠传输与滑动窗口机制（★★★★）.. 046
- 考点7 停止—等待协议（★★★★）.. 047
- 考点8 后退N帧（GBN）协议（★★★★）.. 048
- 考点9 选择重传（SR）协议（★★★★）.. 049
- 考点10 信道利用率（★★★★）.. 050

第四节 介质访问控制方法 052
- 考点11 信道划分多路复用（★★★）.. 052
- 考点12 随机访问与碰撞冲突（★★★★★）.. 052

第五节 局域网 055
- 考点13 局域网的基本概念（★）.. 055
- 考点14 局域网的体系结构（★）.. 055
- 考点15 以太网帧格式（★★★）.. 055
- 考点16 高速以太网（★）.. 056
- 考点17 IEEE 802.3（★★）.. 057
- 考点18 无线局域网（★★★）.. 057
- 考点19 虚拟局域网（★★）.. 059

第六节 广域网 059
- 考点20 广域网的基本概念（★）.. 059
- 考点21 点对点协议（PPP）（★★）.. 060

第七节 数据链路层设备 060
- 考点22 网桥（★）.. 060
- 考点23 交换机（★★）.. 061

过关练习 063
- 选择题 063
- 综合应用题 066

答案与解析 066

第四章 网络层

第一节 网络层概述 071
- 考点1 网络层的基本概念（★）.. 071

考点 2　路由与转发（★★★）..071
　　考点 3　拥塞控制（★★★）..072
　第二节　IP 地址..072
　　考点 4　IPv4 分组与地址（★★★）.......................................072
　　考点 5　IPv4 数据报（★★★）..073
　　考点 6　NAT（★★★★）..075
　　考点 7　子网掩码与 CIDR（★★★★）...................................076
　　考点 8　子网划分（★★★★）...076
　　考点 9　路由聚合（★★★）..078
　　考点 10　ARP（★★★）...079
　　考点 11　ICMP（★★）..080
　　考点 12　IPv6 地址（★★）...080
　　考点 13　IPv6 数据报格式（★★）..081
　第三节　路由算法..082
　　考点 14　静态路由与动态路由（★★）....................................082
　　考点 15　距离—向量路由算法（★★★）..................................083
　　考点 16　链路状态路由算法（★★）.......................................083
　　考点 17　分层路由（★）...084
　第四节　路由协议..085
　　考点 18　自治系统（AS）（★★）...085
　　考点 19　域内路由（★★）...085
　　考点 20　域间路由（★★）...086
　　考点 21　RIP（★★★）..086
　　考点 22　OSPF 协议（★★★）..086
　　考点 23　BGP（★★★）...087
　第五节　IP 组播..087
　　考点 24　组播的基本概念（★★）...087
　　考点 25　组播地址（★★）...088
　　考点 26　IGMP（★★）..089
　第六节　移动 IP..089
　　考点 27　移动 IP 的基本概念（★★）.....................................089
　　考点 28　移动 IP 通信过程（★★）..090
　第七节　SDN 的概念与结构...090
　　考点 29　SDN 的基本概念（★★★）......................................090
　　考点 30　OpenFlow 协议（★★★）......................................091
　　考点 31　SDN 架构（★★★）...091
　第八节　网络层设备..092
　　考点 32　路由器（★★★）...092
　　考点 33　路由表（★★★★）..093
　过关练习..096
　　选择题..096
　　综合应用题..099
　答案与解析..100

第五章 传输层

第一节 传输层概述 ... 107
- 考点1 传输层的功能（★） ... 107
- 考点2 传输层寻址方式与端口（★★） ... 107
- 考点3 无连接服务与面向连接服务（★★） ... 108

第二节 UDP ... 108
- 考点4 UDP 概述（★★★） ... 108
- 考点5 UDP 数据报（★★★） ... 109
- 考点6 UDP 校验（★★） ... 110

第三节 TCP ... 110
- 考点7 TCP 概述（★★★） ... 110
- 考点8 TCP 数据报格式（★★★） ... 111

第四节 TCP 连接管理 ... 112
- 考点9 TCP 连接建立（★★★★★） ... 112
- 考点10 TCP 连接释放（★★★★★） ... 113

第五节 TCP 可靠传输和流量控制 ... 115
- 考点11 TCP 的可靠机制（★★★★） ... 115
- 考点12 TCP 的传输效率（★★） ... 118

第六节 TCP 拥塞控制 ... 118
- 考点13 基本术语（★★） ... 118
- 考点14 拥塞控制方法（★★★★★） ... 119

过关练习 ... 121
- 选择题 ... 121
- 综合应用题 ... 123

答案与解析 ... 124

第六章 应用层

第一节 网络应用模型 ... 129
- 考点1 客户端/服务器（C/S）模型（★★） ... 129
- 考点2 对等（P2P）模型（★★★） ... 129

第二节 域名系统（DNS） ... 130
- 考点3 DNS 基本概念（★） ... 130
- 考点4 层次域名空间（★★） ... 131
- 考点5 域名服务器（★★） ... 131
- 考点6 域名解析过程（★★） ... 132
- 考点7 查询和请求次数计算（★★★） ... 132

第三节 文件传输协议（FTP） ... 133
- 考点8 FTP 特征（★★） ... 133

考点 9　FTP 工作原理（★★★） ... 133
　　考点 10　FTP 连接特点（★★★） ... 134
第四节　电子邮件传输 ... 135
　　考点 11　邮件传输概述（★★） ... 135
　　考点 12　电子邮件格式（★★） ... 135
　　考点 13　SMTP（★★★） ... 136
　　考点 14　POP3（★★★） ... 137
　　考点 15　MIME（★★） ... 137
第五节　万维网（WWW） ... 138
　　考点 16　WWW 概述（★） ... 138
　　考点 17　超文本传输协议（HTTP）（★★） ... 138
　　考点 18　统一资源定位符（URL）（★★） ... 139
第六节　动态主机配置协议（DHCP） ... 139
　　考点 19　DHCP 的基本概念（★★★） ... 139
　　考点 20　DHCP 工作流程（★★★） ... 140
第七节　简单网络管理协议（SNMP） ... 142
　　考点 21　SNMP 概述（★★） ... 142
　　考点 22　SNMP 报文结构（★★） ... 143
　　考点 23　管理信息结构（SMI）（★★） ... 144
　　考点 24　管理信息库（MIB）（★★） ... 144
第八节　应用进程跨网络通信 ... 144
　　考点 25　套接字定义（★★） ... 144
　　考点 26　套接字连接建立（★★） ... 145
　　考点 27　套接字数据传输（★★） ... 145
　　考点 28　套接字连接释放（★★） ... 145
过关练习 ... 146
　　选择题 ... 146
答案与解析 ... 148

全真模拟题及答案解析

全真模拟题（一） ... 150
全真模拟题（一）答案及解析 ... 151
全真模拟题（二） ... 154
全真模拟题（二）答案及解析 ... 155

考纲分析与应试策略

一、考试简介

全国硕士研究生招生考试是指教育主管部门和招生机构为选拔研究生而组织的相关考试的总称。考试分初试和复试两个阶段进行。初试由国家统一组织,复试由招生单位自行组织。

初试一般设置 4 个考试科目,分别是思想政治理论、外语、业务课一和业务课二,满分分别为 100 分、100 分、150 分和 150 分。初试方式均为笔试,考试的第一天上午考查思想政治理论,下午考查外语;第二天上午考查业务课一(数学或专业基础课),下午考查业务课二(专业课)。每一科目的考试时长均为 180 分钟。

对计算机考研而言,业务课一是数学,业务课二则根据院校或专业的不同,考查内容也会不同。目前来看,越来越多的院校对计算机或信息相关专业的业务课二,偏向于选择全国统考,也有少部分院校是自主命题。因此,考生在备考业务课二前,要先明确所报考院校的考查科目和考查内容。

二、考试方式

对计算机考研来说,全国统考主要考查计算机科学与技术领域的核心知识和技能,旨在检查学生在该领域的研究和应用能力。考试内容较为广泛,包括计算机科学与技术的基础理论、专业知识和应用技术。一般而言,主要涉及数据结构、计算机组成原理、操作系统和计算机网络 4 部分内容。

答题方式为闭卷、笔试;考试时间为 180 分钟;试卷满分为 150 分,其中数据结构内容占 45 分,计算机组成原理内容占 45 分,操作系统内容占 35 分,计算机网络内容占 25 分;试卷题型结构一般为单项选择题 80 分(40 题,每题 2 分),综合应用题 70 分。

本书针对全国统考中的计算机网络部分的内容。在全国统考中,计算机网络部分的考查题型、题量及分值情况大致如下表所示,个别情况会有所调整。

题型	选择题	综合应用题
题量	8 题(第 33~40 题)	1 题(第 47 题)
分值	16 分	9 分

一些自主命题院校会有所不同。例如,在中南大学 2024 年硕士研究生招生考试中,计算机科学与技术、电子信息的计算机技术、人工智能、大数据技术与工程、网络与信息安全、软件工程等方向的业务课二为计算机基础综合,试卷内容结构为数据结构和操作系统,各约占 50%,题型结构分为以下几种:单项选择题、填空题、名词解释、简答题、计算题、应用题、算法设计与分析题。

再次强调,考生在备考前一定要了解自己心仪院校相关专业业务课二的考查内容以及分数的分配情况,从而协调分配自己的复习时间,以达到高效复习的目的。

三、考试大纲解读

在全国统考中，计算机网络部分主要考查计算机网络体系结构、物理层、数据链路层、网络层、传输层和应用层等内容。参照全国统考的考试大纲要求和历年真题的命题特点，本书各章内容在考试中所占的分值比例、复习重要程度如下表所示。

章名	考试大纲要求	历年考查要点	分值比例	复习重要程度
第一章 计算机网络体系结构	掌握计算机网络的基本概念、基本原理和基本方法，掌握计算机网络体系结构与参考模型	① 协议、服务和接口的概念 ② 带宽、时延、往返时间（RTT）和时延带宽积的概念与计算	5%	★
第二章 物理层	掌握通信基础，尤其是奈奎斯特定理、香农定理、调制与编码、电路交换、报文交换、分组交换、数据报、虚电路；了解传输介质和物理层设备	① 奈奎斯特定理和香农定理的计算 ② 调制与编码 ③ 3种交换方式的概念及特点	5%	★
第三章 数据链路层	了解数据链路层的功能，掌握组帧、差错控制、流量控制与可靠传输机制三大功能，掌握介质访问控制、以太网与IEEE 802.3，理解广域网，掌握数据链路层设备	① 组帧、差错控制、流量控制与可靠传输机制的方法和过程 ② 介质访问控制的相关计算	20%	★★
第四章 网络层	理解网络层的路由与转发功能，掌握经典的路由算法以及静态路由与动态路由的区别，掌握IPv4，了解IPv6，掌握路由协议，了解IP组播的概念和IP组播地址，了解移动IP的概念和移动IP的通信过程，理解网络层设备（路由器的组成和功能，路由表和分组转发）	① IP地址的计算 ② IPv4的地址、NAT、CIDR、子网划分 ③ 路由算法与路由协议	35%	★★★
第五章 传输层	了解传输层的功能和它所提供的服务，掌握UDP、TCP（数据报格式、连接管理、可靠传输、流量控制和拥塞控制），掌握TCP与UDP的区别和联系	① UPD数据报和UDP特点 ② TCP数据报和TCP特点 ③ TCP连接管理、可靠传输、流量控制和拥塞控制 ④ TCP和UDP的区别和联系	15%	★★

章名	考试大纲要求	历年考查要点	分值比例	复习重要程度
第六章 应用层	了解网络应用模型，理解DNS，了解FTP、电子邮件和WWW	① C/S 模型和 P2P 模型 ② DNS、FTP、电子邮件、WWW	20%	★★

考生可以根据上表安排复习时间和侧重点。

四、应试经验与答题技巧

考生若想在考试中取得好成绩，除了需要牢固掌握知识点外，还需要快速、准确地对一些题目做出判断和处理，因此，考生平时要善于归纳和总结一些通用的答题技巧，这有助于考生更好地应对考试，提高复习效率。

（1）直接挑选法。

对于考查概念或性质的试题，考生只要掌握相应的知识点就能直接做出正确的选择。

【例1·选择题】若分组交换网络及每段链路的带宽如下图，则 H1 到 H2 的最大吞吐量约为（   ）。【2024 年全国统考】

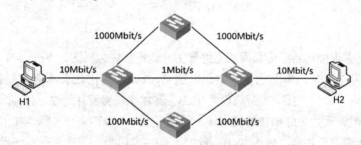

A. 1Mbit/s　　　　B. 10Mbit/s　　　　C. 100Mbit/s　　　　D. 1000Mbit/s

【答案】B

> **解题技巧**　本题考查最大吞吐量，属于基础知识题。做此类题目时，只要找到唯一必经链路即可轻松解题。由带宽图可知，H1 只有一条链路连到交换机，带宽为 10Mbit/s；中间部分可以看成一个整体，它的带宽范围在 1Mbit/s~1000Mbit/s；最后 H1 再通过一条链路连到 H2，带宽为 10Mbit/s。综合两端的链路和中间的整体来看，最大吞吐量为 10Mbit/s。

【例2·选择题】在计算机网络中，用于将域名转换为 IP 地址的是（   ）。【模拟题】

A. DNS　　　　　　　　　　　　　B. DHCP
C. SMTP　　　　　　　　　　　　 D. FTP

【答案】A

【解析】本题考查域名系统。

域名系统（Domain Name System，DNS）用于将域名转换为 IP 地址。

动态主机配置协议（Dynamic Host Configuration Protocol，DHCP）用于动态分配 IP 地址和其他网络配置信息给计算机设备。

简单邮件传输协议（Simple Mail Transfer Protocol，SMTP）是一种提供可靠且有效的电子邮件传输的协议。

文件传输协议（File Transfer Protocol，FTP）是在网络上进行文件传输的一套标准协议。

所以选项 A 正确。

> **解题技巧** 对于本题，考生只要掌握这几个概念就可以快速解题，轻松得分。

（2）排除法。

排除法是指将一些无法直接做出选择的干扰选项快速排除，其有时也被应用于复杂且耗时的计算题中。

【例 3 · 选择题】主机甲和乙建立了 TCP 连接，甲始终以 MSS = 1KB 大小的段发送数据，并一直有数据发送；乙每收到一个数据段都会发出一个接收窗口为 10KB 的确认段。若甲在 t 时刻发生超时的时候拥塞窗口为 8KB，则从 t 时刻起，不再发生超时的情况下，经过 10 个 RTT 后，甲的发送窗口是（　　）。【2014 年全国统考】

A. 10KB　　　　　　　　　　　　B. 12KB
C. 14KB　　　　　　　　　　　　D. 15KB

【答案】A

【解析】本题考查慢开始算法和拥塞避免算法。此题常规的解法如下。

因为 t 时刻发生超时，所以把慢开始门限值 ssthresh 设为出现拥塞时发送窗口值的一半，即 4KB（8KB 的一半），并且拥塞窗口设为 1KB，开始执行慢开始算法。当拥塞窗口的大小小于慢开始门限值时，采用 2 的指数增长方式，所以经过 1 个 RTT 后，拥塞窗口大小变为 2KB；经过 2 个 RTT 之后，拥塞窗口变为 4KB。此时，拥塞窗口大小等于门限值，开始执行拥塞避免算法，采用线性增长方式（加法增大，每次加 1），在经过第 3、4、5、6、7、8、9、10 个 RTT 时，拥塞窗口依次变为 5KB、6KB、7KB、8KB、9KB、10KB、11KB、12KB。而主机甲的发送窗口取当时的拥塞窗口和接收窗口的最小值，即发送窗口大小 = min[接收窗口，拥塞窗口]。依据题意，接收窗口大小为 10KB，在经过 10 个 RTT 后，主机甲的发送窗口大小为 min[10KB，12KB] = 10KB。所以选项 A 为正确答案。

> **解题技巧** 本题可以直接采取排除法解答。由于题目给出主机乙的接收窗口始终为 10KB，而主机甲的发送窗口 =min[主机甲的拥塞窗口，主机乙的接收窗口]，因此不管主机甲的拥塞窗口如何变化，主机甲的发送窗口都不可能超过 10KB，而选项 B、C、D 都超过了 10KB，直接排除，所以选项 A 正确。

（3）关键词法。

仔细阅读题目，注意题干中的关键词，厘清问题的要求和限制条件，根据问题的特点，确定解题思路，避免盲目猜测和无效计算。

【例 4 · 选择题】在一条带宽为 200kHz 的无噪声信道上，采用 4 个幅值的 ASK 调制，则该信道的最大数据传输速率是（　　）。【2022 年全国统考】

A. 200kbit/s　　　　　　　　B. 400kbit/s

C. 800kbit/s　　　　　　　　D. 1600kbit/s

【答案】C

【解析】本题考查的是奈奎斯特定理。根据奈奎斯特定理，若采用 4 个幅值的 ASK 调制，则码元可取 4 种离散值。根据公式 $C=2W\log_2 V$，其中 W 是信道带宽，V 是码元数。将具体数值代入公式，W 是 200kHz，V 是 4，$C = 2 × 200 × \log_2 4 = 800(\text{kbit/s})$。

> **解题技巧**　由于题目中提到"无噪声信道"，说明考查的是奈奎斯特定理。所以根据奈奎斯特定理来计算信道的最大传输速率。

（4）绘图法。

对于涉及网络拓扑、协议交互等问题，可以借助图形化的方式进行辅助理解。

【例 5 · 选择题】以下哪种 TCP 状态需要等待 2MSL？（　　）【模拟题】

A. TIME-WAIT　　　　　　　B. CLOSE-WAIT

C. CLOSING　　　　　　　　D. FIN-WAIT

【答案】A

【解析】根据问题和选项可以锁定本题的考查点——TCP 断开连接的过程，所以可以画出 TCP 断开连接的过程，如下图所示。

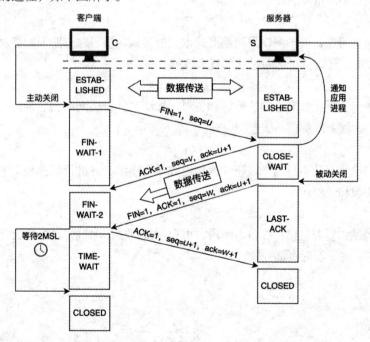

根据上图可知，在客户端与服务器断开连接的四次挥手过程中，TIME-WAIT 状态会等待 2MSL，其中 MSL 为最大报文段生存时间。

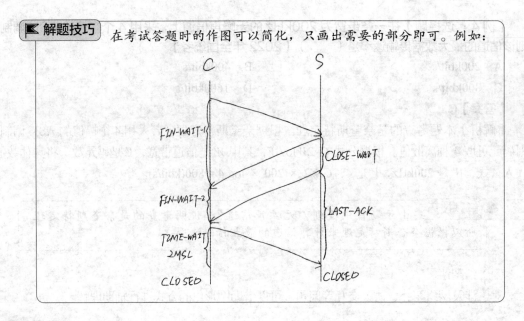

五、复习策略

（1）认真研读全国统考大纲内容：全面了解考查范围和要求，明确复习的重点和难点，有的放矢地备考效率更高。

（2）制订学习计划：制订科学的学习计划，合理安排学习时间，并按计划有针对性地进行复习和练习，重点关注重要的知识点。

（3）多做典型习题：虽不建议采用题海战术，但多做典型习题有助于加强对知识点的理解和应用能力。同时，注意分析解题过程和答案解析。

（4）查阅参考资料：参考不同的教材和资料，加深对计算机网络的了解。重点关注经典教材和权威参考书，深入理解核心概念和原理。

（5）小组讨论和交流：与同学或研究伙伴组成学习小组，并进行讨论和交流，相互答疑解惑，分享学习资源和经验。

（6）模拟考试和复习总结：在备考阶段，可自行进行模拟考试，以检验自己的应试能力和时间管理能力。同时，及时查漏补缺。

第一章　计算机网络体系结构

【考情分析】

　　网络体系结构是计算机网络的基础,它定义了计算机网络中的各个层次和各个组成部分,以及它们在计算机网络中的作用和功能。在历年计算机考研中,涉及本章内容的题型、题量、分值及高频考点如下表所示。

题型	题量	分值	高频考点
选择题	1题	2分	计算机网络体系结构 3种模型的分层特性和功能

【知识地图】

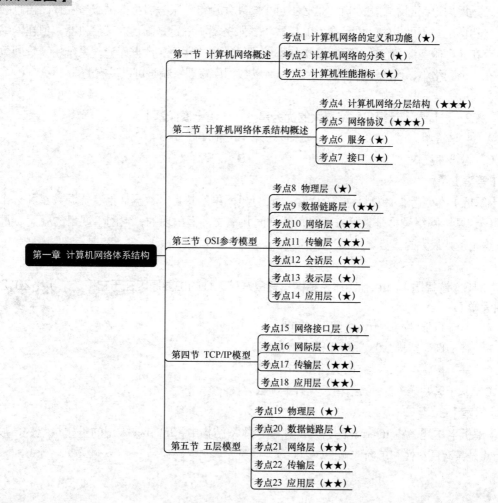

第一节　计算机网络概述

考点1　计算机网络的定义和功能（★）

重要程度	★
历年回顾	全国统考：无涉及 院校自主命题：有涉及

【例1·选择题】在计算机网络中，可以没有的是（　　）。【模拟题】
  A. 客户端　　　　　　　　　　　B. 服务器
  C. 操作系统　　　　　　　　　　D. 数据库管理系统
【答案】D
【解析】本题考查计算机网络的组成。从物理上看，计算机网络由硬件、软件和协议组成。客户端是用户访问网络的出入口，是必不可少的硬件设备。服务器是提供服务、存储信息的设备，当然也是必不可少的。只是在P2P模式下，服务器不一定是固定的某台机器，但在网络中一定存在充当服务器角色的计算机。操作系统是最基本的软件。数据库管理系统用于管理数据库，在一个网络中，可能没有数据库系统，所以数据库管理系统是可以没有的。

【例2·选择题】计算机网络最大的优势是（　　）。【模拟题】
  A. 共享资源　　　　　　　　　　B. 精度高
  C. 运算速度快　　　　　　　　　D. 内存容量大
【答案】A
【解析】本题考查计算机网络的特点。计算机网络的特点是数据通信、资源共享和分布式处理。计算机网络最早是为了方便军事基地间共享文件而出现的，它的主要目的就是资源共享，这也是其最大的优势。

【例3·选择题】Internet体系结构具有良好扩充性的主要原因在于它（　　）。【2012年四川大学】
  A. 基于星形结构，节点之间无依赖性
  B. 基于环形结构，节点之间无依赖性
  C. 基于树状结构，具有层次性和单向依赖性
  D. 基于客户端/服务器结构，具有单向依赖性
【答案】C
【解析】本题考查Internet的特点。在整个体系结构中，Internet采用的是树状结构，最大的特点是具有层次性和单向依赖性，因此易于扩充。

考点2　计算机网络的分类（★）

重要程度	★
历年回顾	全国统考：无涉及 院校自主命题：有涉及

【例1·选择题】在下列交换方式中，数据传输时延最小的是（　　）。【模拟题】

　　A．报文交换　　　　B．电路交换　　　　C．分组交换　　　　D．信元交换

【答案】B

【解析】本题考查3种交换方式的性能。信元交换是一种快速分组交换，它结合了电路交换时延小和分组交换灵活的优点；分组交换比报文交换的数据传输时延小；而电路交换虽然建立连接的时延较大，但在数据传输时独占链路，实时性更好，传输时延最小。

【例2·选择题】按照网络的拓扑结构对计算机网络进行划分，可以划分为（　　）。【模拟题】

　　A．局域网和广域网

　　B．环形网络、总线网络、星形网络和网状网络

　　C．双绞线网和光纤网

　　D．基带网和宽带网

【答案】B

【解析】本题考查计算机网络的分类。根据网络的拓扑结构，计算机网络可被划分为环形网络、总线网络、星形网络和网状网络。

> **知识链接**　根据不同的标准，可以对计算机网络进行不同的分类。根据网络的覆盖范围，可以划分为局域网、广域网和城域网等；根据网络的拓扑结构，可以划分为环形网络、总线网络、星形网络和网状网络；根据网络的传输介质，可以划分为双绞线网和光纤网等；根据网络带宽，可以划分为基带网和宽带网。

【例3·选择题】目前的100M/1000M以太网是最常见的网络，它采用的拓扑结构是（　　）。【2016年南京大学】

　　A．网状拓扑　　　　B．星形拓扑　　　　C．总线拓扑　　　　D．环形拓扑

【答案】B

【解析】本题考查计算机网络的拓扑结构。计算机网络从逻辑功能上可分为通信子网和资源子网两部分，其中通信子网的结构决定了网络的拓扑结构。早期的以太网多采用总线拓扑结构，这是由当时的历史条件（技术和经济）决定的。如今，大规模集成电路以及专用芯片的发展，再加上可靠性高且抗干扰性强的光纤在通信子网中的普遍使用，使得星形拓扑结构的集中式网络既便宜又可靠。因此，星形拓扑是100M/1000M以太网首选的拓扑结构。

【例4·选择题】与总线网络相比，星形网络的最大优点是（　　）。【2012年武汉大学】

　　A．易于管理　　　　B．可靠性高　　　　C．信道利用率高　　　　D．总体传输性能高

【答案】B

【解析】本题考查网络的分类及其优缺点。题目中的网络类型是按照网络的拓扑结构分类的，主要分为总线网络、星形网络和网状网络等。

（1）总线网络：用单根传输线把计算机连接起来。优点是易于布线和维护、方便增/减节点、节省线路。缺点是重负载时通信效率不高、总线任意一处都对故障敏感。

（2）星形网络：每个终端或计算机都以单独的线路与中央设备相连。中央设备一般指交换机或路由器。星形网络的结构简单，连接方便，便于集中控制和管理，因为终端用户之间的通信必须经过中央设备。缺点是成本高、中央设备对故障敏感。

（3）网状网络：一般情况下每个节点至少有两条路径与其他节点相连，多用在广域网中，有规则型和非规则型两种。优点是可靠性高，缺点是控制复杂、线路成本高。

选项 A：便于集中控制和管理是星形网络的优点之一，但并不是该结构的最大优点。

选项 B：总线网络的主要缺点是总线任意一处都对故障敏感，即总线单点故障会造成整个网络不通，而星形网络的结构则避免了单点故障对其他线路的影响，故星形网络的可靠性更高。

选项 C：信道利用率是指信息传递过程中信息占用信道的百分比。总线网络多个节点共用一条传输信道，所以它的信道利用率高。而星形网络的共享能力差，信道利用率不高。

选项 D：网络的传输性能由多个指标表示，一般包括带宽、时延、吞吐量等，如果要得出哪个网络结构的总体传输性能更高的结论，就需要综合考虑所有性能都要高于其他结构。此处我们单看时延方面，总线网络由于是直连的方式，所以它的时延要低，而星形网络需要有中央设备进行统一管理，所以它的时延要高于总线网络。

考点 3　计算机性能指标（★）

重要程度	★
历年回顾	全国统考：2017 年选择题 院校自主命题：无涉及

【例 1 · 选择题】比特的传播时延与链路的带宽之间的关系是（　　）。【模拟题】

A. 没有关系　　　　B. 反比　　　　C. 正比　　　　D. 无法确定

【答案】A

【解析】本题考查传播时延和链路的带宽的基本概念。传播时延 = 信道长度 ÷ 电磁波在信道上的传播速率，而链路的带宽仅能衡量发送时延，所以说比特的传播时延与链路的带宽之间没有关系。

【例 2 · 选择题】设某段电路的传播时延是 10ms，带宽为 5Mbit/s，则该段电路的时延带宽积为（　　）。【模拟题】

A. 2×10^4 bit　　B. 4×10^4 bit　　C. 5×10^4 bit　　D. 8×10^4 bit

【答案】C

【解析】本题考查时延带宽积的计算方法。时延带宽积是传播时延（单位为 s）和带宽（单位为 bit/s）的乘积，即时延带宽积 = 传播时延 × 带宽，将具体数值代入公式，可得时延带宽

积 = $(10 \times 10^{-3})s \times (5 \times 10^6)bit/s = 5 \times 10^4 bit$。

【例3·选择题】假设 OSI 参考模型的应用层欲发送 400B 的数据（无拆分），除物理层和应用层外，其他各层在封装 PDU 时均引入 20B 的额外开销，则应用层的数据传输效率为（　　）。【2017 年全国统考】

　　A．80%　　　　　B．83%　　　　　C．87%　　　　　D．91%

【答案】A

【解析】本题考查 OSI 参考模型中应用层数据传输效率的计算。OSI 参考模型共分为 7 层，除物理层和应用层外，还有 5 层。它们会向 PDU 引入 100B（20B×5 = 100B）的额外开销。应用层是最顶层，因此其数据传输效率 =400B ÷ (400+100)B × 100%= 80%。

第二节　计算机网络体系结构概述

考点 4　计算机网络分层结构（★★★）

重要程度	★★★
历年回顾	全国统考：无涉及 院校自主命题：有涉及

【例1·选择题】下列关于网络体系结构的描述中正确的是（　　）。【2017 年杭州电子科技大学】

　　A．网络协议中的语法涉及的是用于协调与差错处理有关的控制信息

　　B．在网络分层体系结构中，n 层是 $n+1$ 层的用户，又是 $n-1$ 层的服务提供者

　　C．OSI 参考模型包括了体系结构、服务定义和协议规范三级抽象

　　D．OSI 和 TCP/IP 模型的网络层同时支持面向连接的通信和无连接通信

【答案】C

【解析】本题考查计算机网络体系结构。

选项 A：网络协议的三要素为语法、语义和时序（也称同步）。其中，语法规定了数据与控制信息的结构或格式，语义涉及用于协调与差错处理有关的控制信息；时序规定了执行各种操作的条件、时序关系等。故选项 A 错误。

选项 B：在网络分层体系结构中，下层为上层提供服务，n 层是 $n-1$ 层的用户，又是 $n+1$ 层的服务提供者。故选项 B 错误。

选项 D：OSI 参考模型的网络层同时支持面向连接的通信和无连接通信，但是在传输层上只支持面向连接的通信；TCP/IP 模型的网际层只支持无连接通信，但是在传输层上同时支持面向连接的通信和无连接通信。

【例2·选择题】OSI 参考模型中的实体指的是（　　）。【2015 年四川大学】

　　A．实现各层功能的规则

　　B．每一层中实现该层功能的软件或硬件

C. 上下层之间进行交互时所要的信息
D. 同一节点中，相邻两层相互作用的地方

【答案】B

【解析】本题考查考生对 OSI 参考模型的理解。OSI 参考模型中的实体是每一层中实现该层功能的软件或硬件，在发送端和接收端同一层次中的实体称为对等实体。

【例 3·选择题】在对 OSI 参考模型中第 n 层与第 $n+1$ 层关系的描述中，正确的是（ ）。
【2018 年四川大学】

A. 第 $n-1$ 层为第 n 层提供服务
B. 第 n 层和第 $n+1$ 层之间是相互独立的
C. 第 n 层利用第 $n+1$ 层提供的服务为第 $n-1$ 层提供服务
D. 第 $n+1$ 层为从第 n 层接收的数据添加一个头部

【答案】A

【解析】本题考查 OSI 参考模型中相邻两层的关系。在 OSI 参考模型中，每层都完成一定的功能，都直接为其上层提供服务，并且所有层次都互相支持，而网络通信则可以自上而下（在发送端）或者自下而上（在接收端）双向进行。

【例 4·选择题】TCP/IP 模型由（ ）组成。【模拟题】

A. 网络接口层、网际层、传输层、应用层
B. 网络接口层、数据链路层、传输层、应用层
C. 物理层、数据链路层、网际层、传输层、会话层、表示层、应用层
D. 物理层、数据链路层、网际层

【答案】A

【解析】本题考查 TCP/IP 模型。TCP/IP 模型由 4 层构成，从下到上依次为网络接口层、网际层、传输层、应用层。其中网络接口层对应 OSI 参考模型中的物理层和数据链路层，应用层对应 OSI 参考模型中的会话层、表示层和应用层。

考点 5　网络协议（★★★）

重要程度	★★★
历年回顾	全国统考：2020 年选择题 院校自主命题：有涉及

【例 1·选择题】协议是指在（ ）之间进行通信的规则或约定。【模拟题】

A. 同一节点的上下层　　　　B. 不同节点
C. 相邻实体　　　　　　　　D. 不同节点对等实体

【答案】D

【解析】本题考查协议的定义。协议是为不同节点对等实体之间进行逻辑通信而定义的规则的集合。

【例2·选择题】下图描述的协议要素是（　　）。【2020年全国统考】

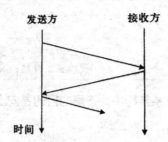

Ⅰ．语法　　Ⅱ．语义　　Ⅲ．时序
A．仅Ⅰ　　　　　　　　　　　　B．仅Ⅱ
C．仅Ⅲ　　　　　　　　　　　　D．Ⅰ、Ⅱ、Ⅲ
【答案】C
【解析】本题考查网络协议的三要素（语法、语义和时序）。语法，即数据与控制信息的结构或格式；语义，即需要发出何种控制信息、完成何种动作以及做出何种响应；时序（也称同步），即事件实现顺序的详细说明。从图中可知，既无数据格式的体现，又无数据信息及响应类型的体现，因此，有顺序的体现只能是和时序相关。

【例3·选择题】网络协议的主要要素为（　　）。【2016年桂林电子科技大学】
A．数据格式、编码、信号电平
B．数据格式、控制信息、时序
C．语法、语义、时序
D．编码、控制信息、数据格式
【答案】C
【解析】本题考查网络协议的三要素。网络协议的三要素为语法、语义和时序，所以选项C正确。选项A中的数据格式、编码和信号电平是语法的内容；选项B中的数据格式和控制信息是语法和语义的内容；选项D中的编码是语法的内容，控制信息是语义的内容。选项A、B和D都是协议三要素的一部分内容，不全面，所以错误。

【例4·选择题】下列有关网络协议的描述，正确的是（　　）。【2015年武汉大学】
A．从网络的体系结构可以看出，一个协议是可以分层的
B．协议是控制同一系统中两个对等实体进行通信的规则的集合
C．协议数据单元就是报文或报文段
D．简单地说，协议就是通信实体需要遵守的通信规则
【答案】D
【解析】本题考查考生对网络协议的理解。一个协议只能存在于模型的某一层，不能出现在多层。协议是控制不同系统中两个对等实体进行通信的规则的集合。计算机网络体系结构有5个层次，自顶向下依次为应用层、传输层、网络层、数据链路层和物理层，对应的协议数据单元分别是报文、报文段、数据分组、帧和比特流。

考点 6　服务（★）

重要程度	★
历年回顾	全国统考：无涉及 院校自主命题：有涉及

【例·选择题】 计算机网络体系结构中，下层的目的是向上一层提供（　　）。【2019 年重庆邮电大学】

A. 协议　　　　　　　　　　　　B. 服务

C. 规则　　　　　　　　　　　　D. 数据包

【答案】B

【解析】本题考查服务的概念。服务指由下层向相邻上层通过层间接口提供的功能调用。在协议的控制下，两个对等实体间的通信使得本层能够向上一层提供服务，而要实现本层协议，还需要使用下一层提供的服务。上层若要使用下层所提供的服务，必须与下层交换一些命令，这些命令在 OSI 参考模型中被称为服务原语。所以选项 B 为正确答案。

> ⚠ 误区警示　服务是"垂直的"，而协议是"水平的"，即协议是控制对等实体之间通信的规则。协议与服务的关系：在协议的控制下，上层对下层进行调用，下层对上层进行服务，上下层间用服务原语交换信息。

考点 7　接口（★）

重要程度	★
历年回顾	全国统考：无涉及 院校自主命题：有涉及

【例1·选择题】 OSI 参考模型所涉及的 3 个主要概念是（　　）。【模拟题】

A. 子网、层次、端口　　　　　　B. 广域网、城域网、局域网

C. 结构、模型、交换　　　　　　D. 服务、接口、协议

【答案】D

【解析】本题考查考生对 OSI（Open System Interconnect）参考模型的理解。OSI 参考模型，即开放系统互联参考模型，是国际标准化组织（ISO）提出的一个试图使各种计算机在世界范围内互联为网络的协议模型。OSI 参考模型采用分层的设计实现上述要求，每层采用不同的协议，下层为上层提供服务，上层通过层间接口调用下层的服务。因此，服务、接口、协议是 OSI 参考模型所涉及的 3 个主要概念，故选项 D 为正确答案。

【例2·选择题】 在 OSI 参考模型的术语中，同层实体交换的数据单元称为（　　）。【2011 年重庆大学】

A. 接口数据单元　　　　　　　　B. 服务数据单元

C. 协议数据单元　　　　　　　　D. 访问数据单元

【答案】C

【解析】本题考查 OSI 参考模型协议数据单元的概念。同层实体交换的数据单元称为协议数据单元（Protocol Data Unit，PDU）。

> **知识链接** 在计算机网络中用协议数据单元来描述网络协议。网络体系结构中的每一层都有对应的协议数据单元。协议数据单元由协议控制信息（Protocol Control Information，PCI）和服务数据单元（Service Data Unit，SDU）组成。

第三节　OSI 参考模型

考点 8　物理层（★）

重要程度	★
历年回顾	全国统考：无涉及 院校自主命题：无涉及

【例·选择题】在两个系统之间传递数据的过程中，下列选项中没有参与数据封装的是（　　）。【模拟题】
A. 表示层　　　　　　　　　　B. 网络层
C. 数据链路层　　　　　　　　D. 物理层
【答案】D
【解析】本题考查物理层的概念。物理层以 0、1 比特流的形式透明地传输数据链路层递交的帧。网络层、表示层和应用层都把上层递交的数据加上首部，数据链路层把上层递交的数据加上首部和尾部，然后再递交给下一层。物理层不存在下一层，自然也就不用封装。所以选项 D 为正确答案。

考点 9　数据链路层（★★）

重要程度	★★
历年回顾	全国统考：2022 年选择题 院校自主命题：有涉及

【例 1·选择题】网络传输中对比特流进行封装成帧并保证透明传输，在 OSI 参考模型中是由哪一层实现的？（　　）【2015 年四川大学】
A. 物理层　　　　　　　　　　B. 数据链路层
C. 网络层　　　　　　　　　　D. 传输层
【答案】B
【解析】本题考查数据链路层的作用。数据链路层主要解决 3 个基本问题，分别是封装成帧、透明传输、差错检测。

> **📎 知识链接** 封装成帧就是在一段数据的前后分别添加首部和尾部，以构成一个完整的帧。接收端在收到物理层上交的比特流后，就能根据首部和尾部的标记，从比特流中识别帧的开始和结束。当传输的帧是由文本文件组成时（文本文件中的字都是通过键盘输入的），其数据部分显然不会出现诸如 SOH 或 EOT 这样的帧定界控制字符。可见无论通过键盘输入什么字符都可以放在这样的帧中传输，因此这样的传输就是透明传输。

【例 2·选择题】 在 OSI 参考模型中，实现两个相邻节点间流量控制功能的是（　　）。【2022 年全国统考】

A. 物理层　　　　B. 数据链路层　　　C. 网络层　　　　D. 传输层

【答案】 B

【解析】 本题考查 OSI 参考模型中的流量控制功能。在 OSI 参考模型中，数据链路层、网络层、传输层都具有流量控制功能，数据链路层的流量控制是点到点的，网络层的流量控制是对进入整个通信子网内的数据流量及其分布进行控制和管理，传输层的流量控制是端到端的。

【例 3·选择题】 在 OSI 参考模型中，自底向上各个层的协议数据单元（PDU）分别为（　　）。【模拟题】

A. 比特流、帧、数据分组、报文段
B. 帧、报文段、数据分组、比特流
C. 比特流、数据分组、帧、报文段
D. 帧、数据分组、报文段、比特流

【答案】 A

【解析】 本题考查 OSI 参考模型中每层的协议数据单元。协议数据单元是指对等层之间传递的数据单位。在 OSI 参考模型中，自底向上各个层的协议数据单元分别是比特流、帧、数据分组、报文段。考生需熟记各个层的协议数据单元，不要搞混。

考点 10　网络层（★★）

重要程度	★★
历年回顾	全国统考：无涉及 院校自主命题：有涉及

【例 1·选择题】 在下列几组协议中，哪一组属于网络层协议？（　　）【2011 年浙江大学】

A. IP 和 TCP　　　B. FTP 和 UDP　　　C. ARP 和 Telnet　　　D. IP 和 ICMP

【答案】 D

【解析】 本题考查网络层的协议。TCP 和 UDP 是传输层的协议；FTP 和 Telnet 是应用层的协议；ARP 是数据链路层的协议；IP 和 ICMP 是网络层的协议。

【例 2·选择题】 在 OSI 参考模型中，路由交换主要是下列哪一层的功能？（　　）【2017 年南京大学】

A. 网络层　　　　B. 会话层　　　　C. 传输层　　　　D. 数据链路层

【答案】A

【解析】本题考查网络层的作用。网络层提供主机到主机的服务（主机间的逻辑通信）；会话层向两个实体的表示层提供建立和使用连接的方法；传输层提供端到端的服务（进程间的逻辑通信，端指的是端口号）；数据链路层提供节点到节点的服务（节点间的逻辑通信）。所以选项A为正确答案。

考点 11　传输层（★★）

重要程度	★★
历年回顾	全国统考：2009 年、2014 年选择题 院校自主命题：有涉及

【例1·选择题】在 OSI 参考模型中，自下而上第一个提供端到端服务的层次是（　　）。【2009 年全国统考】

A. 数据链路层　　B. 传输层　　　　C. 会话层　　　　D. 应用层

【答案】B

【解析】本题考查 OSI 参考模型及其各层的主要功能。在 OSI 参考模型中，传输层的目的是在源端与目的端之间建立可靠的端到端服务。端到端的通信是指运行在不同主机内的两个进程之间的通信，一个进程由一个端口号标识。所以选项B正确。在 OSI 参考模型中，下一层向上一层提供服务，并且所提供的服务的实现细节对上一层透明。数据链路层将有差错的物理线路变为无差错的数据链路，主要负责传输线路上相邻节点之间的通信（点到点通信），这里的节点包括了交换机和路由器等数据通信设备，这些设备不能称为端系统，所以选项A错误。会话层利用下层（传输层）提供的端到端的服务，向相邻上层（表示层）提供它的增值服务。这种服务主要为表示层实体或用户进程建立连接并在连接上有序地传输数据，即会话（也称建立同步）。会话层负责管理主机间的会话进程，所以选项C错误。应用层作为 OSI 参考模型的最高层，直接向用户提供服务，所以选项D错误。

【例2·选择题】在 OSI 参考模型中，直接为会话层提供服务的是（　　）。【2014 年全国统考】

A. 应用层　　　　B. 表示层　　　　C. 传输层　　　　D. 网络层

【答案】C

【解析】本题考查 OSI 参考模型及其各层的主要功能，要求考生在理解的基础上记忆。服务是"垂直的"，指由下层向相邻上层通过层间接口提供的功能调用。会话层的下一层是传输层，其直接为会话层提供服务。所以选项C为正确答案。

【例3·选择题】UDP 属于 OSI 参考模型中的（　　）。【2016 年北京邮电大学】

A. 会话层　　　　B. 传输层　　　　C. 数据链路层　　D. 互联网层

【答案】B

【解析】本题考查传输层的协议。UDP 和 TCP 是传输层的两个重要协议，分别提供无连接的不可靠服务和面向连接的可靠服务。所以选项 B 为正确答案。

考点 12　会话层（★★）

重要程度	★★
历年回顾	全国统考：2019 年选择题 院校自主命题：无涉及

【例·选择题】OSI 参考模型的第五层（自下而上）完成的主要功能是（　　）。【2019 年全国统考】
　A．差错控制　　　B．路由选择　　　C．会话管理　　　D．数据表示转换
【答案】C
【解析】本题考查 OSI 参考模型中各层的功能。OSI 参考模型自下而上的第五层是会话层，会话层主要是对会话过程的控制，完成的主要功能是会话管理与会话数据交换。所以选项 C 是正确答案。差错控制是数据链路层的主要功能；路由选择是网络层的主要功能；数据表示转换是表示层的主要功能。

考点 13　表示层（★）

重要程度	★
历年回顾	全国统考：无涉及 院校自主命题：无涉及

【例·选择题】当进行文本文件传输时，可能需要进行数据压缩。在 OSI 参考模型中完成这一工作的是（　　）。【模拟题】
　A．应用层　　　B．表示层　　　C．会话层　　　D．传输层
【答案】B
【解析】本题考查 OSI 参考模型中表示层的作用。表示层对上层的数据或信息进行转换，以保证一个主机的应用层信息可以被另一个主机的应用程序理解。表示层的数据转换包括数据的加密、压缩、格式转换等。

考点 14　应用层（★）

重要程度	★
历年回顾	全国统考：无涉及 院校自主命题：无涉及

【例·选择题】一台网络打印机在打印时，突然收到一个错误的指令，要打印头回到本行的开始位置，这个差错发生在 OSI 参考模型中的（　　）。【模拟题】
　A．传输层　　　B．表示层　　　C．会话层　　　D．应用层
【答案】D

【解析】本题考查考生对 OSI 参考模型的理解。打印机是向用户提供服务的，错误指令是打印机反馈给用户的提示信息，运行的是应用层的程序。所以选项 D 为正确答案。

第四节　TCP/IP 模型

考点 15　网络接口层（★）

重要程度	★
历年回顾	全国统考：无涉及 院校自主命题：无涉及

【例·选择题】以下选项中，不属于网络接口层的协议的是（　　）。【模拟题】
A. IEEE 802.3　　　B. Ethernet　　　C. TokenRing　　　D. IP
【答案】D
【解析】本题考查 TCP/IP 模型网络接口层的协议。TCP/IP 模型自下向上分别为网络接口层、网际层、传输层和应用层。选项 A、B、C 均为网络接口层协议，选项 D 为网络层协议。

考点 16　网际层（★★）

重要程度	★★
历年回顾	全国统考：2011 年选择题 院校自主命题：有涉及

【例1·选择题】TCP/IP 模型的网际层提供的是（　　）。【2011 年全国统考】
A. 无连接不可靠的数据报服务　　　B. 无连接可靠的数据报服务
C. 有连接不可靠的虚电路服务　　　D. 有连接可靠的虚电路服务
【答案】A
【解析】本题考查 TCP/IP 模型。选项中关于服务的关键区别为有连接/无连接、可靠/不可靠和数据报服务/虚电路服务，通过对网际层的学习可知，TCP/IP 模型的网际层向相邻上层（即传输层）只提供简单灵活的、无连接的、尽最大努力交付的数据报服务。所以选项 C 和 D 错误。选项 A 和 B 的区别在于可靠与不可靠，即考查 IP 首部，如果提供可靠的服务，那么至少应有序号与校验和两个字段，但是 IP 分组头部中没有（IP 首部中只有首部校验和字段），所以应该是不可靠的。也就是说，网际层不提供服务质量的承诺。此外，IP 分组头部含有源 IP 地址和目的 IP 地址，并不是一个虚电路号，所以网际层采用的是数据报服务。另外 IP 分组头部中也没有与建立连接有关的字段，所以网际层是无连接的。综上，选项 A 为正确答案。

> 解题技巧　通常有连接、可靠的应用是由传输层的 TCP 实现的。

【例2·选择题】TCP/IP 模型中与 OSI 参考模型的第三层对应的是（　　）。【2013 年重

庆邮电大学】

A. 网络接口层　　　B. 传输层　　　C. 互联网层　　　D. 应用层

【答案】C

【解析】本题考查 TCP/IP 模型和 OSI 参考模型。OSI 参考模型的第三层为网络层。TCP/IP 模型中与 OSI 参考模型的第三层对应的是网际层，也称互联网层。

考点 17　传输层（★★）

重要程度	★★
历年回顾	全国统考：无涉及 院校自主命题：无涉及

【例 1·选择题】在 TCP/IP 模型中，传输层处于（　　）提供的服务之上，负责向（　　）提供服务。【模拟题】

A. 应用层，网际层　　　　　　　　B. 网际层，网络接口层
C. 网络接口层，应用层　　　　　　D. 网际层，应用层

【答案】D

【解析】本题考查 TCP/IP 模型。TCP/IP 模型自下而上分别为网络接口层、网际层、传输层、应用层。传输层处于网际层提供的服务之上，负责向应用层提供服务。

【例 2·选择题】相对于 OSI 参考模型的低四层，TCP/IP 模型内对应的层次有（　　）。【模拟题】

A. 传输层、网际层、网络接口层和物理层
B. 传输层、网际层和网络接口层
C. 传输层、网际层、ATM 层和物理层
D. 传输层、网络层、数据链路层和物理层

【答案】B

【解析】本题考查 TCP/IP 模型。OSI 参考模型的低四层（从高到低）依次是传输层、网络层、数据链路层、物理层。在 TCP/IP 模型内对应 OSI 参考模型低四层的分别是传输层、网际层、网络接口层。

考点 18　应用层（★★）

重要程度	★★
历年回顾	全国统考：无涉及 院校自主命题：无涉及

【例 1·选择题】下列哪项是 TCP/IP 模型中应用层的协议？（　　）【模拟题】

A. TCP　　　　B. IP　　　　C. ARP　　　　D. HTTP

【答案】D

【解析】本题考查 TCP/IP 模型的应用层协议。TCP 属于传输层，IP 属于网际层，ARP 属于网际层，HTTP 属于应用层。

【例 2·选择题】TCP/IP 模型有（　　）层。【模拟题】
A. 3　　　　　　　B. 4　　　　　　　C. 5　　　　　　　D. 6
【答案】B
【解析】本题考查 TCP/IP 模型体系结构。TCP/IP 模型共有 4 层，从上到下依次为应用层、传输层、网际层和网络接口层。所以选项 B 为正确答案。

第五节　五层模型

考点 19　物理层（★）

重要程度	★
历年回顾	全国统考：无涉及 院校自主命题：无涉及

【例·选择题】五层模型中自下向上的第一层是（　　）。【模拟题】
A. 物理层　　　　B. 数据链路层　　　C. 网络层　　　　D. 传输层
【答案】A
【解析】本题考查五层模型体系结构。五层模型中自下向上依次是物理层、数据链路层、网络层、传输层和应用层。所以选项 A 为正确答案。

考点 20　数据链路层（★）

重要程度	★
历年回顾	全国统考：无涉及 院校自主命题：无涉及

【例·选择题】五层模型中自下向上的第二层是（　　）。【模拟题】
A. 物理层　　　　B. 数据链路层　　　C. 网络层　　　　D. 传输层
【答案】B
【解析】本题考查五层模型体系结构。五层模型中自下向上依次是物理层、数据链路层、网络层、传输层和应用层。所以选项 B 为正确答案。

考点 21　网络层（★★）

重要程度	★★
历年回顾	全国统考：无涉及 院校自主命题：无涉及

【例·选择题】五层模型中自下向上的第三层是（　　）。【模拟题】

A. 物理层　　　　B. 数据链路层　　　　C. 网络层　　　　D. 传输层

【答案】C

【解析】本题考查五层模型体系结构。五层模型中自下向上依次是物理层、数据链路层、网络层、传输层和应用层。所以选项 C 为正确答案。

考点22　传输层（★★）

重要程度	★★
历年回顾	全国统考：无涉及 院校自主命题：无涉及

【例·选择题】五层模型中自下向上的第四层是（　　）。【模拟题】

A. 物理层　　　　　　　　　　B. 数据链路层

C. 网络层　　　　　　　　　　D. 传输层

【答案】D

【解析】本题考查五层模型体系结构。五层模型中自下向上依次是物理层、数据链路层、网络层、传输层和应用层。所以选项 D 为正确答案。

考点23　应用层（★★）

重要程度	★★
历年回顾	全国统考：无涉及 院校自主命题：无涉及

【例·选择题】五层模型中自下向上的第五层是（　　）。【模拟题】

A. 应用层　　　　　　　　　　B. 传输层

C. 网络层　　　　　　　　　　D. 数据链路层

【答案】A

【解析】本题考查五层模型体系结构。五层模型中自下向上依次是物理层、数据链路层、网络层、传输层和应用层。所以选项 A 为正确答案。

过关练习

选择题

1. 计算机网络最基本的功能是（　　）。【模拟题】

A. 数据通信　　　　　　　　　B. 资源共享

C. 分布式处理　　　　　　　　D. 信息综合处理

2. 以下（　　）不属于计算机网络常用的性能指标。【模拟题】
   A. 带宽、吞吐量	B. 时延带宽积
   C. 往返时间	D. 可扩展性

3. 以下关于接口概念的描述中，错误的是（　　）。【模拟题】
   A. 接口是通信节点之间交换信息的连接点
   B. 协议对接口信息交互过程与格式有明确的规定
   C. 低层通过接口向高层提供服务
   D. 只要接口条件与功能不变，低层功能具体实现方法不会影响整个系统的工作

4. 计算机网络的基本分类方法主要有两种：一种是根据网络所使用的传输技术；另一种是根据（　　）。【模拟题】
   A. 网络协议	B. 网络操作系统类型
   C. 覆盖范围与规模	D. 网络服务器类型与规模

5. 设某段电路的传播时延是 20ms，带宽为 20Mbit/s，则该段电路的时延带宽积为（　　）。【模拟题】
   A. 2×10^5 bit	B. 4×10^5 bit
   C. 1×10^5 bit	D. 8×10^5 bit

6. （　　）是计算机网络中的 OSI 参考模型的 3 个主要概念。【模拟题】
   A. 服务、接口、协议	B. 结构、模型、交换
   C. 子网、层次、端口	D. 广域网、城域网、局域网

7. TCP/IP 模型有（　　）层。【模拟题】
   A. 4	B. 5
   C. 6	D. 7

答案与解析

题号	1	2	3	4	5	6	7
答案	A	D	A	C	B	A	A

1. A【解析】本题考查计算机网络的功能。计算机网络的功能包括数据通信、资源共享、分布式处理、负载均衡、提高可靠性等，但其中最基本的功能是数据通信。数据通信也是实现其他功能的基础。

2. D【解析】本题考查计算机网络常用的性能指标。计算机网络常用的性能指标包括带宽、吞吐量、时延、时延带宽积、往返时间（RTT）及信道利用率等。

3. A【解析】本题考查接口的概念。接口是同一节点内相邻两层间交换信息的连接点，是一个系统内部的规定。选项 A 描述错误。

4. C【解析】本题考查计算机网络的分类方法。计算机网络的基本分类方法有两种：根据网络所使用的传输技术可分为广播式网络（Broadcast Network）和点对点网络（Point-to-Point Network）；根据网络的覆盖范围与规模可分为广域网（WAN）、局域网（LAN）和城域网（MAN）。

5. B【解析】本题考查时延带宽积的计算方法。时延带宽积 = 传播时延 × 带宽，所以该段电路的时延带宽积 $=(20 \times 10^{-3})s \times (20 \times 10^{6})bit/s = 4 \times 10^{5}bit$。

6. A【解析】本题考查 OSI 参考模型的 3 个主要概念。计算机网络中要做到有条不紊地交换数据，就必须遵守一些事先约定好的规则，这些规则被称为协议。在协议的约束下，两个对等实体之间的通信使得本层能够向上一层提供服务。而要实现本层协议，还需要使用下一层提供的服务，提供服务就是交换信息，要交换信息就需要通过接口去交换，所以说服务、接口、协议是 OSI 参考模型的 3 个主要概念。

7. A【解析】本题考查 TCP/IP 模型。TCP/IP 模型共 4 层，从上到下依次是应用层、传输层、网际层、网络接口层。应用层是 TCP/IP 模型的第一层，是直接为应用进程提供服务的。传输层作为 TCP/IP 模型的第二层，在整个 TCP/IP 模型中起到了中流砥柱的作用。网际层在 TCP/IP 模型中位于第三层，可以实现网络连接的建立和终止以及 IP 地址的寻找等功能。网络接口层在 TCP/IP 模型的第四层。由于网络接口层兼并了物理层和数据链路层，所以网络接口层既是传输数据的物理媒介，也可以为网际层提供一条准确无误的线路。

第二章 物理层

【考情分析】

物理层中的3个考查重点分别是奈奎斯特定理和香农定理、调制与编码、物理层设备/传输介质的特点。奈奎斯特定理和香农定理多出现在简单的计算题中,适用条件很好区分,有无噪声就是最明显的区分方法。如果信噪比很大,也可以使用奈奎斯特定理计算理论值。在历年计算机考研中,涉及本章内容的题型、题量、分值及高频考点如下表所示。

题型	题量	分值	高频考点
选择题	1~2题	2~4分	奈奎斯特定理和香农定理 调制与编码 物理层设备/传输介质的特点

【知识地图】

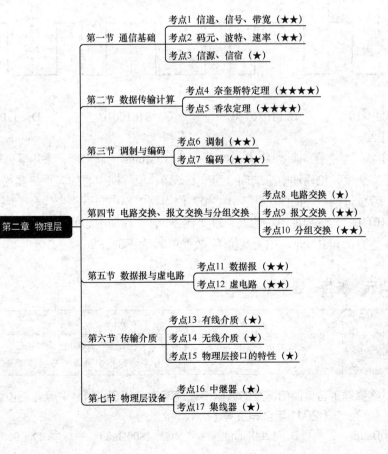

第一节　通信基础

考点1　信道、信号、带宽（★★）

重要程度	★★
历年回顾	全国统考：2013年选择题 院校自主命题：无涉及

【例1·选择题】传输计算机内的文件可用的信号形式有（　　）。【模拟题】
A．微波信号　　　　B．脉冲信号　　　　C．红外信号　　　　D．A、B、C 都可以
【答案】D
【解析】本题考查传输计算机内的文件可用的信号形式。信号形式有微波信号、脉冲信号、红外信号等。故选项 D 为正确答案。

【例2·选择题】若下图为 10BaseT 网卡接收到的信号波形，则该网卡收到的比特串是（　　）。【2013年全国统考】

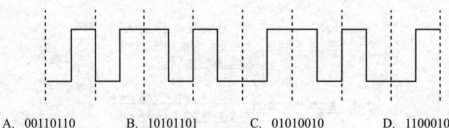

A．00110110　　　　B．10101101　　　　C．01010010　　　　D．11000101
【答案】A
【解析】本题考查曼彻斯特编码。10BaseT 即 10Mbit/s 的以太网，采用曼彻斯特编码，每一位的中间必有跳变，位周期中心的向上跳变代表 0，位周期中心的向下跳变代表 1。但也可反过来定义。若位周期中心的向上跳变代表 0，位周期中心的向下跳变代表 1，则对应图示的比特串是 00110110；若位周期中心的向上跳变代表 1，位周期中心的向下跳变代表 0，则对应图示的比特串是 11001001（选项中无此值）。故选项 A 为正确答案。

考点2　码元、波特、速率（★★）

重要程度	★★
历年回顾	全国统考：2011年选择题 院校自主命题：有涉及

【例1·选择题】若某通信链路的数据传输速率为 2400bit/s，采用 4 相位调制，则该链路的波特率是（　　）。【2011年全国统考】
A．600Baud　　　　B．1200Baud　　　　C．4800Baud　　　　D．9600Baud

【答案】B

【解析】本题考查波特率和数据传输速率的关系。波特率（B）与数据传输速率（C）的关系为 $C = B\log_2 M$，其中 M 为一个码元所取的离散值的个数，可由相位的位数表示。由题意可知，通信链路的数据传输速率为2400bit/s，即C=2400；采用4相位调制，即可以表示4种变化，也就是说一个码元所取的离散值的个数为4，即M=4，$\log_2 4 = 2$，故一个码元可携带2bit信息。由 $C = B\log_2 M$ 可知，$B=C/\log_2 M$，将 C=2400、$\log_2 M$=2 代入，可得 B=2400÷2=1200(Baud)。故选项 B 为正确答案。

【例2·选择题】在相隔 2000km 的两地间通过电缆以 4800bit/s 的速率传输 3000 比特长的数据包，从开始发送到接收数据需要的时间是（　　）。【2017年杭州电子科技大学】

A. 480ms　　　　　B. 645ms　　　　　C. 630ms　　　　　D. 635ms

【答案】D

【解析】本题考查传输速度的计算。一般情况下，信号在电缆中的传播速度大约为光速的 2/3，即电缆中信号的传播速度约为 2×10^5km/s。一个数据包从开始发送到结束的时间分为传播时间和传输时间两部分，因此从开始发送到接收数据需要的传播时间为 2000km÷2×10^5km/s=10ms；传输时间为 3000bit÷4800bit/s=625ms；总传输时间 = 传播时间 + 传输时间，即 635ms。故选项 D 为正确答案。

【例3·选择题】设信号的波特率为 600Baud，采用振幅调制技术，把码元的振幅划分为 16 个不同的等级来传输，则信道的数据传输速率为（　　）。【2019年重庆邮电大学】

A. 600bit/s　　　　B. 2400bit/s　　　　C. 4800bit/s　　　　D. 9600bit/s

【答案】B

【解析】本题考查波特率和数据传输速率的关系。波特率（B）与数据传输速率（C）的关系为 $C=B\log_2 M$，其中 M 为一个码元所取的离散值的个数。由题意可知，B=600Baud，M=16，代入关系式，可得信道的数据传输速率 C=2400bit/s。故选项 B 为正确答案。

考点3 信源、信宿（★）

重要程度	★
历年回顾	全国统考：无涉及 院校自主命题：无涉及

【例·选择题】数据通信系统可划分为（　　）3个部分。【模拟题】

A. 信源、信道、信宿　　　　　　　B. 信源、变换器、信道
C. 信道、变换器、信宿　　　　　　D. 信源、噪声、信宿

【答案】A

【解析】本题考查数据通信系统的组成部分。一个数据通信系统可以划分为信源、信道和信宿3个部分。

第二节　数据传输计算

考点 4　奈奎斯特定理（★★★★）

重要程度	★★★★
历年回顾	全国统考：2009 年、2017 年、2022 年选择题 院校自主命题：无涉及

【例 1·选择题】对于带宽为 6MHz 的信道，若采用 8 种不同的状态来表示数据，在不考虑热噪声的情况下，该信道最多能传输的位数为（　　）。【模拟题】

　　A. 36M　　　　　　B. 18M　　　　　　C. 48M　　　　　　D. 96M

【答案】A

【解析】本题考查奈奎斯特定理。根据奈奎斯特定理，若采用 8 种不同的状态来表示数据，则码元可取 8 种离散值。根据公式 $C=2W\log_2 V$，其中 W 是信道带宽，单位为 Hz；V 是码元数。根据题意可知，W=6MHz，V=8，代入公式可得 $C=2×6\text{MHz}×\log_2 8=36\text{Mbit/s}$。所以，每秒最多能传输的位数为 36M。

> **解题技巧**　当遇到数据传输计算问题时，可以根据题中的关键词快速确定使用哪个定理。如果出现"无噪声"，则可以确定使用奈奎斯特定理进行计算。

【例 2·选择题】在无噪声情况下，若某通信链路的带宽为 3kHz，采用 4 个相位，每个相位具有 4 种振幅的 QAM 调制技术，则该通信链路的最大数据传输速率是（　　）。【2009 年全国统考】

　　A. 12 kbit/s　　　　B. 24kbit/s　　　　C. 48kbit/s　　　　D. 96kbit/s

【答案】B

【解析】本题考查奈奎斯特定理和 QMA 调制技术。根据奈奎斯特定理，若采用 4 个相位，每个相位具有 4 种幅度的 QAM 调制方法，则每个信号可以有 16 种变化，码元可取 16 种离散值。根据公式 $C=2W\log_2 V$，其中 W 是信道带宽，V 是码元数，由题意可知 W=3kHz，V=16，代入公式可得 C=24kbit/s。所以该通信链路的最大数据传输速率是 24kbit/s。

【例 3·选择题】设信道的码元速率为 600Baud，采用 8 相 DPSK 调制，则信道的数据传输速率为（　　）bit/s。【模拟题】

　　A. 4800　　　　　　B. 2400　　　　　　C. 1800　　　　　　D. 1200

【答案】C

【解析】本题考查奈奎斯特定理。根据奈奎斯特定理，若采用 8 相 DPSK 调制，则码元可取 8 种离散值。根据公式 $C=2W\log_2 V$，其中 W 是信道带宽，奈奎斯特码元速率极限值 B 与信道带宽 W 的关系为 $B=2W$；V 是码元数。由题可知，B=600，即 $2W$=600，V=8，代入公式可得 C=1800bit/s。

考点5 香农定理（★★★★）

重要程度	★★★★
历年回顾	全国统考：2016年、2017年选择题 院校自主命题：有涉及

【例1·选择题】若连接 R2 和 R3 链路的频率带宽为 8kHz，信噪比为 30dB，该链路实际数据传输速率约为理论最大数据传输速率的 50%，则该链路的实际数据传输速率约是（　　）。【2016 年全国统考】

　　A. 8kbit/s　　　　　　　　　　B. 20kbit/s
　　C. 40kbit/s　　　　　　　　　 D. 80kbit/s

【答案】C

【解析】本题考查香农定理。通常把信噪比表示成 $10\lg S/N$，由题意可知，信噪比为 30dB，推出 $S/N=1000$。根据香农定理公式，信道的最大数据传输速率 $C=W\log_2(1+S/N)$，其中 W 是信道的带宽（单位为 Hz）。因此，该链路的实际数据传输速率 $=8×10^3 Hz×\log_2(1+1000)×50\% ≈ 40kbit/s$。

> **解题技巧** 当遇到数据传输计算问题时，可以根据题中的关键词快速确定使用哪个定理。如果出现"信噪比"即说明是有噪声情况，则可以确定使用香农定理进行计算。

【例2·选择题】若信道在无噪声情况下的极限数据传输速率不小于信噪比为 30dB 条件下的极限数据传输速率，则信号状态数至少是（　　）。【2017 年全国统考】

　　A. 4　　　　B. 8　　　　C. 16　　　　D. 32

【答案】D

【解析】本题考查奈奎斯特定理与香农定理。由奈奎斯特定理可知，信道在无噪声情况下的极限数据传输速率 $C=2W\log_2 V$；由香农定理可知，信道在有噪声情况下的极限数据传输速率 $C=W\log_2(1+S/N)$，其中 W 是信道带宽，V 是码元数，S/N 是信噪比。根据题意可得，$2W\log_2 V \geq W\log_2(1+S/N)$。另外，信噪比 $= 10\lg S/N$，题中信噪比为 30dB，可解得 $S/N=1000$，代入上式，可得 $2\log_2 V \geq \log_2(1+1000)$，解得 $V \geq 32$。故选项 D 为正确答案。

【例3·选择题】彩色电视图像每帧含 10^6 个像素，每个像素有 256 种等概率出现的颜色，若要求每秒传输 30 帧图像，设信道输出信噪比为 30dB，则传输此电视信号所需的最小带宽约为（　　）。【2014 年武汉大学】

　　A. 24MHz　　　　　　　　　　B. 48MHz
　　C. 768MHz　　　　　　　　　 D. 1536MHz

【答案】A

【解析】本题考查香农定理。每个像素携带的平均信息 $=\log_2 256 = 8bit$；1 帧图像的平均信息含量为 $8×10^6 bit$；每秒传输 30 帧图像的信息速率 $=30×8×10^6 bit = 240Mbit/s$；$30dB = 10\lg S/N$，所以 $S/N=1000$。根据香农定理：$C=W\log_2(1+S/N)$，将数值代入公式可得 $W≈24MHz$。

第三节 调制与编码

考点6 调制（★★）

重要程度	★★
历年回顾	全国统考：2024年选择题 院校自主命题：有涉及

【例1·选择题】当个人计算机以拨号方式接入Internet时，必须使用的设备是（　　）。
【模拟题】

  A. 调制解调器　　　　　　　　B. 网卡
  C. 浏览器软件　　　　　　　　D. 电话机

【答案】A

【解析】本题考查调制解调器的功能。计算机产生的是数字信号，而电话传递的却是模拟信号，为了让数字信号和模拟信号相互转换，就需要用到调制解调器。故选项A为正确答案。

【例2·选择题】在下列二进制数字调制方法中，需要2个不同频率载波的是（　　）。
【2024年全国统考】

  A. ASP　　　　　　　　　　　　B. PSK
  C. FSK　　　　　　　　　　　　D. DPSK

【答案】C

【解析】本题考查调制技术。A选项ASP（幅移键控），通过改变载波的振幅来表示数字信号1和0。B选项PSK（相移键控），通过改变载波的相位来表示数字信号1和0，又分为绝对调相和相对调相。C选项FSK（频移键控），通过改变载波的频率来表示数字信号1和0，当数字信号的振幅为正时，载波频率为f_1；当数字信号的振幅为负时，载波频率为f_2，所以需要两个不同频率的载波。D选项DPSK（差分移相键控），利用调制信号前后码元之间载波相对相位的变化来传递信息。

考点7 编码（★★★）

重要程度	★★★
历年回顾	全国统考：2015年、2021年选择题 院校自主命题：有涉及

【例1·选择题】使用两种编码方案对比特流01100111进行编码的结果如下页图所示，编码1和编码2分别是（　　）。【2015年全国统考】

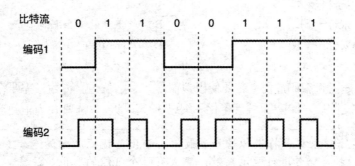

A. NRZ 和曼彻斯特编码　　　　　　B. NRZ 和差分曼彻斯特编码
C. NRZI 和曼彻斯特编码　　　　　 D. NRZI 和差分曼彻斯特编码

【答案】A

【解析】本题考查编码方式。NRZ（Non-Return to Zero，不归零编码）用两个电压来代表两个二进制数，如高电平表示 1，低电平表示 0，题中编码 1 符合。曼彻斯特编码将一个码元分成两个相等的间隔，前一个间隔为低电平、后一个间隔为高电平表示 1，0 的表示方式正好相反，题中编码 2 符合。故选项 A 为正确答案。需要注意的是，NRZI（Non-Return to Zero Inverted，不归零反转），发送方将当前信号的跳变编码为 1，将当前信号的保持编码为 0。这样就解决了连续 1 的问题，但是显然未解决连续 0 的问题。差分曼彻斯特编码是曼彻斯特编码的改进，在每一位的中心处始终都有跳变，至于传输的是 1 还是 0，是以每个时钟位的开始边界有无跳变来区分的。位开始边界有跳变代表 0，而位开始边界没有跳变代表 1。

【例 2·选择题】若下图为一段差分曼彻斯特编码信号波形，则其编码的二进制位串是（　　）。【2021 年全国统考】

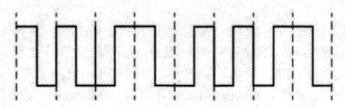

A. 10111001　　　　　　　　　　　B. 11010001
C. 00101110　　　　　　　　　　　D. 10110110

【答案】A

【解析】本题考查差分曼彻斯特编码。差分曼彻斯特编码常用于局域网传输，编码信号在每一位的中心处始终都有跳变。位开始边界有跳变代表 0，位开始边界没有跳变代表 1。由图可知，第 1 个码元的信号波形因缺乏上一码元的信号波形，无法判断是 0 还是 1，但根据后面的信号波形，可以求出第 2～8 个码元为 0111001。故选项 A 为正确答案。

【例 3·选择题】模拟数据进行数字信号编码实际上是将模拟数据转换成数字数据，或称为数字化过程。模拟数据的数字信号编码最典型的例子是 PCM 编码。PCM 编码过程为（　　）。

【2016年桂林电子科技大学】

A. 量化→采样→编码　　　　　B. 采样→量化→编码
C. 编码→采样→量化　　　　　D. 采样→编码→量化

【答案】B

【解析】本题考查编码过程。若要使模拟信号在数字信道上传输，需要将模拟信号转换为数字信号，这一过程主要包括采样、量化和编码3个步骤。故选项B为正确答案。

> **知识链接**　采样是将模拟信号离散化。量化是把幅度上仍连续（无穷多个取值）的抽样信号进行幅度离散，变成有限个可能的取值。注意，采样、量化后的信号还不是数字信号，需要把它转换为数字编码脉冲，这一过程称为编码。最简单的编码方式是二进制编码。

第四节　电路交换、报文交换与分组交换

考点8　电路交换（★）

重要程度	★
历年回顾	全国统考：无涉及 院校自主命题：有涉及

【例1·选择题】与分组交换相比，电路交换的最大缺点是（　　）。【2011年武汉大学】

A. 不能实现差错控制　　　　　B. 不能混用多种传输介质
C. 独占传输信道　　　　　　　D. 时延大

【答案】C

【解析】本题考查电路交换和分组交换的区别。电路交换的优点：传输时延小、没有冲突、实时性强；缺点：独占信道、信道利用率低、建立连接时间长、灵活性差。分组交换的优点：无须建立连接、信道利用率高、简化了存储管理、加速了传输；缺点：存在发送延迟，可能会存在分组失序、丢失、重复。与分组交换相比，电路交换的最大缺点是独占传输信道。故选项C为正确答案。

【例2·选择题】公用电话交换网（PSTN）采用了（　　）交换方式。【2015年中国科学院大学】

A. 分组　　　　　　　　　　　B. 报文
C. 信元　　　　　　　　　　　D. 电路

【答案】D

【解析】本题考查公用电话交换网的交换方式。公用电话交换网采用的是电路交换，包括电路建立阶段、数据传输阶段和电路释放阶段（也称为释放连接阶段）。故选项D为正确答案。

考点9　报文交换（★★）

重要程度	★★
历年回顾	全国统考：2013年选择题 院校自主命题：无涉及

【例·选择题】主机甲通过1个路由器（存储转发方式）与主机乙互联，两段链路的数据传输速率均为10Mbit/s，主机甲分别采用报文交换和分组大小为10kbit的分组交换向主机乙发送1个大小为8Mbit（$1M=10^6$）的报文。若忽略链路传输时延、分组头开销和分组拆装时间，则两种交换方式完成该报文传输所需的总时间分别为（　　）。【2013年全国统考】

A. 800ms、1600ms
B. 801ms、1600ms
C. 1600ms、800ms
D. 1600ms、801ms

【答案】D

【解析】本题考查报文交换与分组交换的传输时延计算。采用报文交换时，总时延 = 主机甲的发送时延 + 路由器的发送时延 = 8Mbit ÷ 10Mbit/s × 2 = 1.6s = 1600ms。

采用分组交换时，总时延的计算过程如下。

（1）待发送分组数量 = 8Mbit ÷ 10kbit = 800。

（2）第一个分组交换的总时延 = 主机甲的发送时延 + 路由器的发送时延 = 10kbit ÷ 10Mbit/s + 10kbit ÷ 10Mbit/s = 0.002s。

（3）主机甲发送完一个分组后接着发送下一个，也就是说，第二个分组比第一个分组慢一个发送时延，第三个分组比第二个分组慢一个发送时延……第800个分组比第799个分组慢一个发送时延，则总时延 = 第一个分组交换的总时延 + 发送时延 × 799 = 0.002s+(10kbit ÷ 10Mbit/s) × 799 = 0.002s + 0.001s × 799 = 0.002s + 0.799s = 0.801s = 801ms。

所以正确答案为D选项。

考点10　分组交换（★★）

重要程度	★★
历年回顾	全国统考：无涉及 院校自主命题：无涉及

【例·选择题】广域网中采用的交换技术大多是（　　）。【模拟题】

A. 电路交换
B. 报文交换
C. 分组交换
D. 自定义交换

【答案】C

【解析】本题考查广域网的基本概念和分组交换的特点。广域网中采用的交换技术大多是分组交换，即以分组为单位进行传输和交换。分组交换也称为包交换，它将用户通信的数据划分成多个更小的等长数据段，在每个数据段的前面加上必要的控制信息作为数据段的首部，多个带有首部的数据段就构成了一个分组。

第五节　数据报与虚电路

考点 11　数据报（★★）

重要程度	★★
历年回顾	全国统考：无涉及 院校自主命题：有涉及

【例·选择题】虚电路服务中每个分组（　　）发送顺序到达目的站，数据报服务中分组到达目的站时（　　）发送顺序。【2018 年北京工业大学】

A. 总是按照，不一定按照　　　　　　B. 总是按照，总是按照
C. 不一定按照，总是按照　　　　　　D. 不一定按照，不一定按照

【答案】A

【解析】本题考查数据报与虚电路的区别。两者的区别如下表所示。

类别	数据报	虚电路
连接的建立	无须	必须
目的地址	每个分组都有完整的目的地址	仅在建立连接阶段使用，之后每个分组使用长度较短的虚电路号
路由选择	每个分组独立地进行路由选择和转发	属于同一条虚电路的分组按照同一路由转发
分组顺序	不保证分组的有序到达	保证分组的有序到达
可靠性	可靠性由用户主机来保证，但不保证一定可靠	可靠性由网络来保证
对网络故障的适应性	出故障的节点丢失分组，其他分组路径选择发生变化，可正常传输	所有经过故障节点的虚电路均不能正常工作
差错处理和流量控制	由用户主机进行流量控制，不保证数据包的可靠性	可由分组交换网负责，也可由用户主机负责

考点 12　虚电路（★★）

重要程度	★★
历年回顾	全国统考：无涉及 院校自主命题：有涉及

【例·选择题】关于虚电路和数据报的比较，以下哪种是错误的？（　　）【2014 年重庆大学】

A. 虚电路需要建立传输连接

B. 虚电路的包采用同一个路由

C. 虚电路更容易保证服务质量

D. 虚电路每个包包含完整的源和目的地址

【答案】D

【解析】本题考查数据报和虚电路二者的比较。虚电路的通信过程分 3 个阶段：虚电路建立、数据传输和虚电路释放。虚电路建立后，数据包的传输路径就确定了，虚电路提供了可靠的通信功能，能保证每个包按序到达目的节点，比数据报更容易保证服务质量。所以选项 A、B 和 C 正确。虚电路中，包首部中不包含目的地址（仅在连接建立阶段使用），而是包含虚电路标识符。所以选项 D 错误。

第六节　传输介质

考点 13　有线介质（★）

重要程度	★
历年回顾	全国统考：无涉及 院校自主命题：有涉及

【例·选择题】在常用的传输介质中，（　　）的带宽最宽，信号传输衰减最小，抗干扰能力最强。【2015 年浙江工商大学】

　　A. 双绞线　　　　B. 同轴电缆　　　　C. 光纤　　　　D. 微波

【答案】C

【解析】本题考查有线介质的传输特点。光纤通信就是利用光导纤维传递光脉冲来进行通信。由于可见光的频率非常高，约为 10^8 MHz 的量级，因此一个光纤通信系统的传输带宽远远大于其他各种传输介质的带宽。另外，光纤还具有传输损耗小、抗雷电和电磁干扰性能好、无串音干扰、体积小、重量轻等特点。故选项 C 为正确答案。

考点 14　无线介质（★）

重要程度	★
历年回顾	全国统考：无涉及 院校自主命题：有涉及

【例 1·选择题】（　　）不属于导向传输媒体介质。【2012 年中国科技大学】

　　A. 5 类双绞线　　　　　　　　B. 同轴电缆

　　C. 光缆　　　　　　　　　　　D. 卫星通信的无线介质

【答案】D

【解析】本题考查无线介质的传输特点。在导向传输媒体中，电磁波被导向沿着固体媒体传输。非导向传输媒体是指自由空间，在非导向传输媒体中，电磁波的传输常被称为无线传输。

【例2·选择题】 无线电波分中波、短波、超短波和微波等,其中关于微波叙述正确的是( )。【2019年山东大学】

A. 微波沿地面传播,绕射能力强,适用于广播和海上通信
B. 微波具有较强的电离层反射能力,适用于环球通信
C. 微波是具有极高频率的电磁波,波长很短,主要是直线传播,也可以从物体上得到反射
D. 微波通信可用于电话,但不宜传输电视图像

【答案】C

【解析】本题考查微波的特点。微波频率高,频段范围宽,沿直线传播,超过一定距离后就要通过中继站来接力。微波并不具备绕射能力,选项A错误。要实现环球通信,需要将卫星设置为中继站来转发信号,选项B错误。微波通信不仅可以复用大量的数字电话号码,还可以传输电视图像或高速数据等宽带信号,选项D错误。

考点15 物理层接口的特性(★)

重要程度	★
历年回顾	全国统考:2012年选择题 院校自主命题:有涉及

【例1·选择题】 以下方面的特性,不是物理层的接口所指明的的是( )。【2013年中国科技大学】

A. 机械特性指明接口所用接线器的形状和尺寸、引线数目和排列、固定和锁定装置等
B. 差错特性指明传输过程中出错率的最低误差范围
C. 功能特性指明某条线上出现的某一电平的电压表示何种意义
D. 电气特性指明在接口电缆的各条线上出现的电压的范围

【答案】B

【解析】本题考查物理层接口的特性。数据链路层有差错特性,物理层没有,故选择选项B。

> **知识链接** 物理层接口的4个特性分别是机械特性、电气特性、功能特性与过程特性。机械特性指明接口所用接线器的形状和尺寸、引线数目和排列、固定和锁定装置等;电气特性指明在接口电缆的各条线上出现的电压范围;功能特性指明传输介质中各条线上出现的某一电平的含义,以及物理接口各条信号线的用途,包括接口信号线的功能规定和功能分类;过程特性(也称时序特性)指明对于不同功能的各种可能事件的出现顺序。

【例2·选择题】 在物理层接口特性中,用于描述完成每种功能的事件发生顺序的是( )。【2012年全国统考】

A. 机械特性   B. 功能特性   C. 过程特性   D. 电气特性

【答案】C

【解析】本题考查物理层接口的特性。抓住题干中的关键词:事件发生顺序,由于物理层接口特性包含机械特性、电气特性、功能特性和过程特性。其中过程特性指明对于不同功能的

各种可能事件的出现顺序，所以选择选项 C。

> **高手点拨** 对于考查物理层接口特性的题目，可以根据题干中提到的关键词来分类。如果出现描述机械规格和型号的关键词，则描述的是机械特性；如果出现描述电压属性的关键词，则描述的是电气特性；如果指明某一电平的电压的意义，则描述的是功能特性；如果出现描述事件顺序的关键词，则描述的是过程特性。

第七节　物理层设备

考点 16　中继器（★）

重要程度	★
历年回顾	全国统考：无涉及 院校自主命题：有涉及

【例·选择题】下列只能简单再生信号的设备是（　　）。【2017 年浙江工商大学】
A. 网卡　　　　　B. 网桥　　　　　C. 中继器　　　　　D. 路由器
【答案】C
【解析】本题考查中继器的作用。中继器是工作在物理层上的连接设备，适用于完全相同的两个网络的互联，主要功能是通过对数据信号的重新发送或者转发，来扩大网络传输的距离。中继器是对信号进行再生和还原的网络设备。

考点 17　集线器（★）

重要程度	★
历年回顾	全国统考：2020 年选择题 院校自主命题：无涉及

【例·选择题】下图所示的网络冲突域和广播域的个数分别是（　　）。【2020 年全国统考】

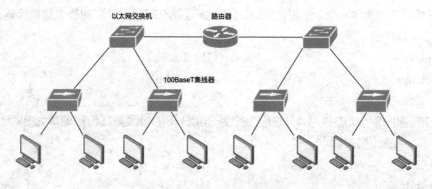

A. 2、2　　　　　B. 2、4　　　　　C. 4、2　　　　　D. 4、4

【答案】C

【解析】本题考查网络设备的特性。路由器隔离冲突域和广播域，交换机隔离冲突域不能隔离广播域，集线器既不能隔离冲突域也不能隔离广播域。图中一个路由器分别隔离其两侧的广播域，两个交换机分别隔离其两个分支的冲突域，因此图中共有4个冲突域、2个广播域。

过关练习

选择题

1. 在异步通信中，每个字符包含1位起始位、7位数据位、1位奇偶位和2位终止位，若每秒传输100个字符，采用4相位调制，则码元传输速率为（　　）。【模拟题】
   A. 50Baud/s　　　　　　　　　　B. 500Baud/s
   C. 550Baud/s　　　　　　　　　　D. 1100Baud/s

2. 波特率等于（　　）。【模拟题】
   A. 每秒可能发生的信号变化次数　　B. 每秒传输的比特数
   C. 每秒传输的周期数　　　　　　　D. 每秒传输的字节数

3. 一个信道每1/8s采样一次，传输信号共有8种变化状态，则最大的数据传输速率是（　　）。【模拟题】
   A. 16bit/s　　　　　　　　　　　B. 24bit/s
   C. 32bit/s　　　　　　　　　　　D. 48bit/s

4. 一个传输数字信号的模拟信道的信号功率是0.62W，噪声功率是0.02W，频率范围为3.5M～3.9MHz，该信道的最大数据传输速率是（　　）。【模拟题】
   A. 1Mbit/s　　　　　　　　　　　B. 2Mbit/s
   C. 4Mbit/s　　　　　　　　　　　D. 8Mbit/s

5. 设信道带宽为4kHz，信噪比为30dB，按照香农定理，信道的最大数据传输速率约等于（　　）。【模拟题】
   A. 10kbit/s　　　　　　　　　　　B. 20kbit/s
   C. 30kbit/s　　　　　　　　　　　D. 40kbit/s

6. 若信道的信号状态数为4，在信噪比为30dB下的极限数据传输速率为8kbit/s，则其带宽约为（　　）。【模拟题】
   A. 0.8kHz　　　　　　　　　　　　B. 2kHz
   C. 0.4kHz　　　　　　　　　　　　D. 1kHz

7. 电路交换的优点有（ ）。【模拟题】

Ⅰ. 传输时延小

Ⅱ. 分组按序到达

Ⅲ. 无须建立连接

Ⅳ. 线路利用率高

A. Ⅰ和Ⅱ B. Ⅱ和Ⅲ
C. Ⅰ和Ⅲ D. Ⅱ和Ⅳ

8. 关于虚电路网络和数据报网络，在下列有关阐述中，不正确的是（ ）。【2017年杭州电子科技大学】

A. 虚电路提供了可靠的通信功能，能保证每个分组正确到达，且保持原来的顺序，而数据报方式中，数据报不能保证数据分组按序到达，数据的丢失也不会被立即发现

B. 虚电路服务和数据报服务的本质差别在于是将顺序控制、差错控制和流量控制等通信功能交给通信子网完成，还是由端系统自己来完成

C. 数据报方式中，网络节点要为每个分组做路由选择；而虚电路方式中，只需在连接建立时确定路由

D. 虚电路和数据报都提供了端到端的、可靠的数据传输

9. 虚电路服务位于的层次是（ ）。【2017年重庆大学】

A. 物理层 B. 数据链路层
C. 网络层 D. 传输层

10. 用下列传输介质进行数据传输，错误率最低的是（ ）。【模拟题】

A. 双绞线 B. 微波
C. 光缆 D. 同轴电缆

11. 如果某个物理层协议要求采用 −25 ~ −5V 这个范围的电压表示 0，则这样的描述属于（ ）。【2015年重庆大学】

A. 机械特性 B. 电气特性
C. 功能特性 D. 过程特性

12. 在互联网设备中，工作在物理层的互联设备是（ ）。【2016年沈阳工业大学】

Ⅰ. 集线器

Ⅱ. 交换机

Ⅲ. 路由器

Ⅳ. 中继器

A. Ⅰ和Ⅱ B. Ⅱ和Ⅳ
C. Ⅰ和Ⅳ D. Ⅲ和Ⅳ

13. 在一种网络中，超过一定长度，传输介质中的数据就会衰减。如果需要比较长的传输距离，就需要安装（　　）设备。【模拟题】

   A．放大器　　　　　B．中继器　　　　　C．网桥　　　　　D．路由器

综合应用题

14．用香农公式计算，假定信道带宽为 3100Hz，最大信息传输速率为 35kbit/s，那么若想使最大信息传输速率增加 60%，信噪比 S/N 应增大到多少倍？如果在刚才计算出的基础上将信噪比 S/N 再增大到 10 倍，问最大信息传输速率能否再增加 20%？【模拟题】

答案与解析

题号	1	2	3	4	5	6	7	8	9	10
答案	C	A	B	B	D	B	A	D	D	C
题号	11	12	13							
答案	B	C	B							

1．C【解析】本题考查波特率与比特率的关系。题中每个字符包含 11 位，每秒传输 100 个字符，所以信息速率，即比特率 =100×11bit/s=1100bit/s。采用 4 相位调制，说明有 4 种波形，为了表示这 4 种波形至少需要 2 位，也就是用 2 位表示一个码元，则码元传输速率，即波特率 =1100bit/s÷2=550Baud/s。

2．A【解析】本题考查波特率的概念。码元传输速率又称波特率，表示单位时间内数字通信系统所传输的码元个数，也可称为脉冲个数或信号变化的次数。

3．B【解析】本题考查奈奎斯特定理。一个信道 1/8s 采样一次，则采样频率为 8Hz。由采样定理可知，采样频率要大于等于有效信号最高频率的两倍，故信号频率小于等于 4Hz。其次，传输信号共有 8 种变化状态。由奈奎斯特定理可知，最大数据传输速率 $C=2W\log_2 V=2\times 4\times \log_2 8$ bit/s= 24bit/s。

4．B【解析】本题考查香农定理。题目中提到的是有噪声的信道，因此应该联想到香农定理；而对于无噪声的信道，则应该联想到奈奎斯特定理。首先计算信噪比：$S/N = 0.62\div 0.02 = 31$，然后计算带宽：$W=3.9-3.5=0.4$(MHz)。由香农定理可知，最大数据传输速率 $C=W\log_2(1+S/N) = 0.4$MHz$\times \log_2(1+31)$Mbit/s = 2Mbit/s。

5．D【解析】本题考查香农定理。在一条带宽为 W、信噪比为 S/N 的有噪声信道的极限数据传输速率 $C = W\log_2(1+S/N)$。由 30dB $= 10$lgS/N，得对数形式 lgS/N，其中 S/N 为真数 $= 3$，$S/N = 1000$。$C = W\log_2(1+S/N) = 4000\times \log_2(1+1000)$ bit/s $\approx 4000\times 9.97$ bit/s≈ 40kbit/s。

6. B【解析】本题考查奈奎斯特定理和香农定理。物理层基本考查奈奎斯特定理和香农定理的两个公式，它们是用两种方式计算出的上界。如果给出了每个码元的离散电平数，就要用奈奎斯特定理；如果给出了信噪比，就要用香农定理；如果同时用，上界就要取两者的最小值。本题既给出了单个码元的离散电平数，又给了信噪比，所以两个都要使用。

　　奈奎斯特定理：理想低通信道下的极限数据传输速率 $C=2W\log_2 V=2W\times 2=4W$。

　　香农定理：信道的极限数据传输速率 $C=W\log_2(1+S/N)=W\log_2 1001\approx 10W$。

　　两者取最小值，即 $4W$，所以 $W = 8 \div 4 = 2(kHz)$。

7. A【解析】本题考查电路交换的特点。电路交换、分组交换、报文交换的特点都是重要的考查点，主要有两种考查方式：直接考查和间接考查。直接考查会直接询问某种交换方式的特点，间接考查会根据场景，询问适合哪种交换方式。其中，电路交换是面向连接的，一旦连接建立，数据便可直接通过连接好的物理通路到达接收端，因此传输时延小；其次，由于电路交换是面向连接的，因此传输的分组必定是按序到达的；但在电路交换中，带宽始终被通信的双方占用，因此线路利用率低。

8. D【解析】本题考查虚电路和数据报的概念。虚电路又称为虚连接或虚通道，是分组交换的两种传输方式中的一种。数据报是通过网络传输的数据的基本单元，包含一个报头和数据本身，其中报头描述了数据的目的地以及和其他数据之间的关系。虚电路服务是网络层向传输层提供的一种使所有分组按顺序到达目的端系统的可靠的数据传输方式，而数据报面向的是无连接的服务。

9. D【解析】本题考查虚电路的服务层次。虚电路需建立连接之后才能传输数据，也就是传输层的面向连接的服务，即 TCP。TCP 位于传输层，所以虚电路服务位于的层次是传输层。物理层的连接都是有物理链路的。数据链路层负责数据的成帧以及链路分配。网络层研究网络地址分配以及路由选择。

10. C【解析】本题考查数据传输介质的区别。微波是空中信号，受环境影响最大，因此错误率最高；双绞线和同轴电缆都是基于铜线，受电气特性、物理特性影响较大；只有光缆采用可靠的光导纤维，错误率最低。

11. B【解析】本题考查物理层接口的特性。物理层接口的 4 个特性中，机械特性指明接口所用接线器的形状和尺寸、引线数目和排列、固定和锁定装置等；电气特性指明在接口电缆的各条线上出现的电压的范围；功能特性指明某条线上出现的某一电平的电压表示何种意义；过程特性（也称时序特性）指明对于不同功能的各种可能事件的出现顺序。题中描述的电压范围为电气特性。

12. C【解析】本题考查物理层设备。集线器和中继器是工作在物理层的设备，交换机是工作在数据链路层的设备，路由器是工作在网络层的设备。

13. B【解析】本题考查物理层设备的功能。由于电磁信号在网络传输媒体中进行传递时会衰减而使信号变得越来越弱，还会由于电磁噪声和干扰使信号发生畸变，因此需要在一定的传输媒体距离中使用中继器来对传输的数据信号整形放大后再传递。放大器常用于远距离模拟信号的传输，它同时也会使噪声放大，导致失真。网桥用来连接两个网段以扩展物理网络的覆盖范围。路由器是网络层的互联设备，可以实现不同网络的互联。中继器的工作原理是信号再生（不是简单地放大），从而延长网络的长度。

14. 【答案】（1）将题中数据代入香农公式，计算过程如下。

信道的极限数据传输速率 $C = W\log_2(1+S/N)$

$35000 = 3100 \times \log_2(1+S/N)$

$S/N \approx 2505$

假设最大信息传输速率增加 60% 时，信噪比 S/N 应增大到 x 倍，则

$35000 \times 1.6 = 3100 \times \log_2(1+xS/N)$

$x \approx 109$

所以，信噪比应增大到约 109 倍。

（2）设在此基础上将信噪比 S/N 再增大到 10 倍，而最大信息传输速率可以再增大到 y 倍，则利用香农公式可得：

信道的极限数据传输速率 $C = W\log_2(1+S/N)$

$35000 \times 1.6 \times y = 3100 \times \log_2(1+2505 \times 109 \times 10)$

$y \approx 1.184$

所以，最大信息传输速率只能再增加 18.4% 左右。

第三章 数据链路层

【考情分析】

本章的考查重点分别为流量控制与可靠传输、介质访问控制方法。因为这部分考点也会出现在综合应用题中，所以需要掌握原理和计算方法。在历年计算机考研中，涉及本章内容的题型、题量、分值及高频考点如下表所示。

题型	题量	分值	高频考点
选择题	2~3题	4~6分	流量控制与可靠传输、介质访问控制方法
综合应用题	1题	3~5分	滑动窗口协议与后退N帧（GBN）协议 介质访问控制方法

【知识地图】

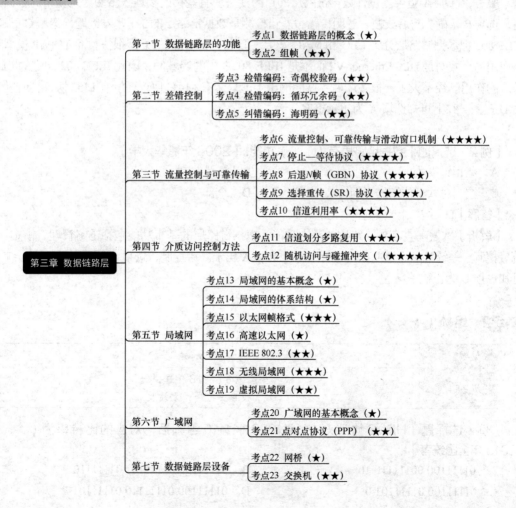

第三章 数据链路层
- 第一节 数据链路层的功能
  - 考点1 数据链路层的概念（★）
  - 考点2 组帧（★★）
- 第二节 差错控制
  - 考点3 检错编码：奇偶校验码（★★）
  - 考点4 检错编码：循环冗余码（★★）
  - 考点5 纠错编码：海明码（★★）
- 第三节 流量控制与可靠传输
  - 考点6 流量控制、可靠传输与滑动窗口机制（★★★★）
  - 考点7 停止—等待协议（★★★★）
  - 考点8 后退N帧（GBN）协议（★★★★）
  - 考点9 选择重传（SR）协议（★★★★）
  - 考点10 信道利用率（★★★★）
- 第四节 介质访问控制方法
  - 考点11 信道划分多路复用（★★★）
  - 考点12 随机访问与碰撞冲突（★★★★★）
- 第五节 局域网
  - 考点13 局域网的基本概念（★）
  - 考点14 局域网的体系结构（★）
  - 考点15 以太网帧格式（★★★）
  - 考点16 高速以太网（★）
  - 考点17 IEEE 802.3（★★）
  - 考点18 无线局域网（★★★）
  - 考点19 虚拟局域网（★★）
- 第六节 广域网
  - 考点20 广域网的基本概念（★）
  - 考点21 点对点协议（PPP）（★★）
- 第七节 数据链路层设备
  - 考点22 网桥（★）
  - 考点23 交换机（★★）

第一节　数据链路层的功能

考点1　数据链路层的概念（★）

重要程度	★
历年回顾	全国统考：无涉及 院校自主命题：有涉及

【例1·选择题】下面对数据链路层的描述中，错误的是（　　）。【2017年南京大学】
A. 数据链路层有可能建立在网络层之上，并提供隧道服务
B. 数据链路层提供可靠的通过物理介质传输数据的服务
C. 将数据分解成帧，按顺序传输帧，且使用固定滑动窗口机制
D. 以太网的数据链路层分为LLC和MAC子层，但一般不使用LLC子层

【答案】A

【解析】本题考查数据链路层的概念。数据链路层始终在网络层之下，为网络层提供3种基本服务，选项A错误。设计数据链路层的目的就是使有差错的物理线路变为无差错的数据链路，选项B正确。封装成帧、透明传输、差错检测是数据链路层的3个基本问题，选项C正确。IEEE 802把数据链路层分为LLC和MAC子层，但由于Internet的发展很快，而TCP/IP模型经常使用的局域网是DIX Ethernet V2而不是IEEE 802.3中的局域网，因此IEEE 802制定的LLC子层的作用已经不大了，很多厂商生产的网卡上就只装有MAC协议而没有LLC协议，所以选项D正确。综上可知选项A为正确答案。

【例2·选择题】数据链路层有（　　）功能。【2006年清华大学】
A. 纠正错误　　　　　　　　　　B. 流量控制
C. 控制对共享信道的访问　　　　D. 全部

【答案】D

【解析】本题考查数据链路层的基本功能。数据链路层的基本功能包括链路管理、帧定界、流量控制、差错控制、透明传输、寻址等。选项A属于差错控制，选项C属于链路管理。综上可知选项D为正确答案。

考点2　组帧（★★）

重要程度	★★
历年回顾	全国统考：2013年选择题 院校自主命题：无涉及

【例·选择题】HDLC协议对0111110001111110组帧后，对应的比特串为（　　）。【2013年全国统考】
A. 01111100 00111110 10
B. 01111100 01111101 01111110
C. 01111100 01111101 0
D. 01111100 01111110 01111101

【答案】A

【解析】本题考查 HDLC 协议的组帧方法。HDLC 协议采用零比特填充法来实现数据链路层的透明传输，HDLC 数据帧以位模式 01111110 标识每个帧的开始和结束，即在两个标识字段之间不出现 6 个连续的"1"。具体做法：在发送端，当一串比特流尚未加上标识字段时，先用硬件扫描整个帧，只要发现 5 个连续的"1"，就在其后插入 1 个"0"。而在接收端先找到 F 字段以确定帧边界，接着对其中的比特流进行扫描，每当发现 5 个连续的"1"，就将这 5 个连续的"1"后的一个"0"删除，进而还原成原来的比特流。因此组帧后的比特串为 011111000011111010。所以选项 A 为正确答案。

第二节 差错控制

考点 3 检错编码：奇偶校验码（★★）

重要程度	★★
历年回顾	全国统考：无涉及 院校自主命题：无涉及

【例·选择题】下列属于奇偶校验码特征的是（　　）。【模拟题】

A. 只能检查出奇数个比特的错误
B. 能查出长度任意一个比特的错误
C. 比 CRC 检验可靠
D. 可以检查偶数个比特的错误

【答案】A

【解析】本题考查奇偶校验码的特征。奇偶校验码是通过增加冗余位来使得码字中 1 的个数保持为奇数或偶数的编码方法。它只能发现奇数个比特的错误。

考点 4 检错编码：循环冗余码（★★）

重要程度	★★
历年回顾	全国统考：无涉及 院校自主命题：有涉及

【例·选择题】数据链路层采用 CRC 进行校验，生成多项式 $G(x) = x^3+1$，待发送比特流为 10101010，则校验信息为（　　）。【2017 年北京邮电大学】

A. 101　　　　B. 110　　　　C. 100　　　　D. 010

【答案】A

【解析】本题考查循环冗余码（CRC）的计算方法。生成的多项式 $G(x) = x^3+1$ 对应的二进制位串为 1001，则在题中待发送比特流后面附加上 3 个 0，即 10101010000。根据模 2 运算，用 10101010000 除以 1001 得出余数为 101，101 就是校验信息。所以选项 A 为正确答案。

考点5　纠错编码：海明码（★★）

重要程度	★★
历年回顾	全国统考：无涉及 院校自主命题：有涉及

【例·选择题】采用海明码纠正1个比特差错（1位），若信息位为6位，则冗余位至少应为（　　）。【2012年中国科技大学】

A. 1位　　　　　B. 2位　　　　　C. 4位　　　　　D. 8位

【答案】C

【解析】本题考查海明码规则。海明码是一种可以纠正一位差错的编码。它利用 k 位信息位加 r 位冗余位，构成一个 $n = k+r$ 位的码字，然后用 r 个监督关系式产生的 r 个校正因子来区分无错和在码字中的 n 个不同位置的一位错。它必须满足以下关系式：$2^r \geqslant k+r+1$，所以当 $k=6$ 时，$r \geqslant 4$，即冗余位至少为4位。

第三节　流量控制与可靠传输

考点6　流量控制、可靠传输与滑动窗口机制（★★★★）

重要程度	★★★★
历年回顾	全国统考：2015年、2019年选择题 院校自主命题：有涉及

【例1·选择题】主机甲通过128kbit/s卫星链路，采用滑动窗口协议向主机乙发送数据，链路单向传播时延为250ms，帧长为1000字节。不考虑确认帧的开销，为使链路利用率不小于80%，帧序号的比特数至少是（　　）。【2015年全国统考】

A. 3　　　　　B. 4　　　　　C. 7　　　　　D. 8

【答案】B

【解析】本题考查滑动窗口协议的复杂计算。根据题意，首先考虑发送周期，开始发送帧到收到第一个确认帧为止，用时为 T = 第一个帧的传输时延 + 第一个帧的传播时延 + 确认帧的传输时延 + 确认帧的传播时延，这里忽略确认帧的传输时延。因此 T = 1000B ÷ 128kbit/s + RTT = 62.5ms + 250ms + 250ms = 562.5ms。

然后计算在 T 时间内需要发送多少数据才能满足链路利用率不小于80%。设数据大小为 L 字节，则 $L/(128\text{kbit/s})/T \geqslant 0.8$，得 $L \geqslant 7200B$，即在一个发送周期内至少发送 7200B ÷ 1000B = 7.2 个帧才能满足要求。设需要编号的比特数为 n，则 $2^n - 1 \geqslant 7.2$，因此 n 至少为4。故选项B为正确答案。

【例2·选择题】对于滑动窗口协议，如果分组序号采用3比特编号，发送窗口大小为5，则接收窗口最大是（　　）。【2019年全国统考】

A. 2　　　　　B. 3　　　　　C. 4　　　　　D. 5

【答案】B

【解析】本题考查滑动窗口协议。滑动窗口协议中发送窗口和接收窗口的序号的上下界和大小都可以不同。不同滑动窗口协议的窗口大小一般不同。当采用 n 比特对帧进行编号时，发送窗口和接收窗口之和不大于 2^n，即 $W_R+W_T \leq 2^n$，题中 $n = 3$，发送窗口大小为 5，所以接收窗口的最大值 $=2^3-5 = 3$。所以选项 B 为正确答案。

【例 3 · 选择题】在连续 ARQ 协议中，（   ）表示在还没有收到对方确认信息的情况下，发送端最多可以发送多少个数据帧。【2018 年北京工业大学】

A．发送序号   B．发送窗口

C．接收序号   D．接收窗口

【答案】B

【解析】本题考查可靠传输机制的自动重传请求（Automatic Repeat request，ARQ）。ARQ 通过接收方请求发送方重传出错的数据帧来恢复出错的帧，是通信中用于处理信道所带来的差错的方法之一。连续 ARQ 协议一般采用累计确认方法。发送端最多能发送几个数据帧是由发送窗口和接收窗口中的最小值决定的，在本题题目中有一个限定条件，即还没有收到对方的确认信息，因此最多能发送几个数据帧是由发送窗口大小决定的。

考点 7   停止—等待协议（★★★★）

重要程度	★★★★
历年回顾	全国统考：2018 年、2020 年选择题 院校自主命题：有涉及

【例 1 · 选择题】主机甲采用停止—等待协议向主机乙发送数据，数据传输速率是 3kbit/s，单向传播时延是 200ms，忽略确认帧的传输时延。当信道利用率等于 40% 时，数据帧的长度为（   ）。【2018 年全国统考】

A．240bit   B．400bit   C．480bit   D．800bit

【答案】D

【解析】本题考查停止—等待协议的信道利用率的计算方法。根据题意，信道利用率 = 传输帧的有效时间 ÷ 传输帧的周期。假设帧的长度为 x 比特，求有效时间，应该用帧的大小除以数据传输速率，即 $x/(3kbit/s)$。帧的传输周期应包含 4 部分：帧在发送端的发送时延、帧从发送端到接收端的单程传播时延、确认帧在接收端的发送时延、确认帧从接收端到发送端的单程传播时延。这 4 个时延中，由于题目中说"忽略确认帧的传输时延"，因此不计算确认帧在接收端的发送时延（注意区分传输时延和传播时延的区别，传输时延也称发送时延，和传播时延只有一字之差）。所以这里帧的传输周期由 3 部分组成：首先是帧在发送端的发送时延 $x/(3kbit/s)$，其次是帧从发送端到接收端的单程传播时延 200ms，最后是确认帧从接收端到发送端的单程传播时延 200ms，三者相加可得帧的传输周期为 $x/(3kbit/s)+400ms$。代入信道利用率的公式，即信道利用率 $=x/(3kbit/s) \div [x/(3kbit/s)+400ms]$，根据题意可得（注意单位换算，400ms = 0.4s），$x/(3000bit/s) \div [x/(3000bit/s)+0.4s] = 40\%$，解得 $x = 800bit$。所以选项 D 为正确答案。

【例2·选择题】假设主机采用停止—等待协议向主机乙发送数据帧，数据帧长与确认帧长均为1000B，数据传输速率是10kbit/s，单项传播时延是200ms，则甲的最大信道利用率是（　　）。【2020年全国统考】

  A. 80%   B. 66.7%   C. 44.4%   D. 40%

【答案】D

【解析】本题考查停止—等待协议的信道利用率的计算方法。发送数据帧和确认帧的时间均为 $(1000 \times 8\text{bit}) \div (10 \times 10^3 \text{bit/s}) = 0.8\text{s} = 800\text{ms}$，发送周期 $T = 800\text{ms} + 200\text{ms} + 800\text{ms} + 200\text{ms} = 2000\text{ms}$。采用停止—等待协议时，信道利用率 $= 800\text{ms} \div 2000\text{ms} \times 100\% = 40\%$。

【例3·选择题】节点1与节点2通过卫星链路通信时，假设传播时延为250ms，数据传输速率是64kbit/s，帧长为8000bit，若采用停止—等待协议通信，则最大链路利用率为（　　）。【2013年武汉大学】

  A. 0.125   B. 0.2   C. 0.333   D. 0.375

【答案】B

【解析】本题考查停止—等待协议的信道利用率的计算方法。停止—等待协议最大链路利用率的计算公式为 $E = 1/(2\alpha+1)$，其中帧计算长度 $\alpha = Rd/vL$，R 为数据传输速率，d/v 为传播时延，L 为帧长（比特数值），所以 $\alpha =$（数据传输速率 × 传播时延）÷ 帧长 $= 64000\text{bit/s} \times 250\text{ms} \div 8000\text{bit} = 64000\text{bit/s} \times 0.25\text{s} \div 8000\text{bit} = 2$。因此 $E = 1 \div (2 \times 2 + 1) = 0.2$。

考点8　后退 N 帧（GBN）协议（★★★★）

重要程度	★★★★
历年回顾	全国统考：2009年、2012年、2014年选择题，2017年综合应用题 院校自主命题：无涉及

【例1·选择题】数据链路层采用后退 N 帧（GBN）协议，发送方已经发送了编号为 0～7 的帧。当计时器超时时，若发送方只收到0、2、3号帧的确认，则发送方需要重发的帧数是（　　）。【2009年全国统考】

  A. 2   B. 3   C. 4   D. 5

【答案】C

【解析】本题考查后退 N 帧（GBN）协议。在后退 N 帧协议中，发送方可以连续发送若干个数据帧，如果收到接收方的确认帧则可以继续发送。若某个帧出错，接收方只是简单地丢弃该帧及其后所有的帧，若发送方发现某个帧超时，则需重传该数据帧及其后所有的帧。需要注意的是，在连续 ARQ 协议中，接收方一般都是采用累积确认的方式，即接收方对按序到达的最后一个分组发送确认。因此，题目中收到3的确认帧就代表编号为0、1、2、3的帧已被接收，而此时发送方未收到1号帧的确认只能代表确认帧在返回的过程中丢失了，而不代表1号帧未到达接收方。因此发送方需要重发编号为4、5、6、7的帧（共4个）。所以选项C为正确答案。

【例2·选择题】两台主机之间的数据链路层采用后退 N 帧（GBN）协议传输数据，数据传输速率为16bit/s，单向传播时延为270ms，数据帧长度范围是128～512字节，接

收方总是以与数据帧等长的帧进行确认。为使信道利用率达到最高,帧序号的比特数至少为( )。【2012年全国统考】

    A. 5   B. 4   C. 3   D. 2

【答案】B

【解析】本题考查后退 N 帧协议。根据题意,要使信道利用率最高,就需要在第一个确认帧返回来之前尽可能多发送帧,也就是说需要使发送数据的主机尽量不停地在发送数据,以使信道不空闲。这时需要考虑最坏的情况,即帧长最小的时候,同一个文件需要的帧数最多,这样就可以使信道利用率最高。换句话说,如果要尽可能多发送帧,就应以短的数据帧计算。接下来计算从主机发送数据帧到收到确认帧所经历的总时间。依据题意,两台主机之间传输数据,总时间 = 发送数据的时间 + 传播数据的时间 + 发送确认帧的时间 + 传播确认帧的时间,这里数据长度取最小值 128 字节。首先计算出发送一个帧的时间:$128 \times 8\text{bit} \div (16 \times 10^3 \text{bit/s}) = 64\text{ms}$,发送确认帧的时间和这个相同,也是 64ms;题中已经给出传播数据的时间为 270ms,包括传播确认帧的时间,即总的传播时间是 $2 \times 270\text{ms}$;所以发送一个帧到收到确认帧的总时间 =64ms+270ms+64ms+270ms= 668ms;在 668ms 内,至少可以发送 10 个长度为 128 字节的帧($10 < 668\text{ms} \div 64\text{ms} < 11$),设帧序号的比特数为 n,n 必须满足 $2^n \geq 11$,解得 $n \geq 4$。所以选项 B 为正确答案。

【例 3 · 选择题】主机甲与主机乙之间使用后退 N 帧(GBN)协议传输数据,甲的发送窗口尺寸为 1000,数据帧长为 1000 字节,信道带宽为 100Mbit/s,乙每收到一个数据帧立即利用一个短帧(忽略其传输时延)进行确认,若甲、乙之间的单向传播时延是 50ms,则甲可以达到的最大平均数据传输速率约为( )。【2014 年全国统考】

    A. 10Mbit/s   B. 20Mbit/s   C. 80Mbit/s   D. 100Mbit/s

【答案】C

【解析】本题考查后退 N 帧协议。根据题意,要求出主机甲可以达到的最大平均数据传输速率,需考虑制约主机甲数据传输速率的因素。题目中有两个主要的影响因素:第一个是信道带宽(题目中为 100Mbit/s)。信道带宽能直接制约数据的传输速率,传输速率一定是小于或者等于信道带宽;第二个是主机甲与主机乙之间使用后退 N 帧协议。因为主机甲与主机乙之间使用后退 N 帧协议传输数据,就要考虑发送一个数据到接收到它的确认帧之前,最多能发送多少数据。主机甲的最大数据传输速率受这两个条件的约束,所以甲的最大数据传输速率就是这两个值中最小的那一个。甲的发送窗口的尺寸为 1000,即收到第一个数据的确认帧之前,最多能发送 1000 个数据帧,也就是发送 $1000 \times 1000\text{B} \approx 1\text{MB}$ 的数据,而从发送第一个帧到接收到它的确认帧的时间是一个帧的发送时延加上往返时延,甲、乙之间的单向传播时延是 50ms,因此主机甲接收到确认帧的传播时延 $=1000\text{B} \div 100\text{Mbit/s}+50\text{ms}+50\text{ms}=(1000 \times 8\text{bit}) \div (100 \times 10^6 \text{bit/s})+0.05\text{s}+0.05\text{s}=0.10008\text{s}$,此时的最大数据传输速率 $=1\text{MB} \div 0.10008\text{s} \approx 80\text{Mbit/s}$。题目中信道带宽为 100Mbit/s,所以主机甲可达到的最大平均数据传输速率为 min{80Mbit/s, 100Mbit/s} = 80Mbit/s,所以选项 C 为正确答案。

考点 9   选择重传(SR)协议(★★★★)

重要程度	★★★★
历年回顾	全国统考:2011 年选择题、2024 年选择题 院校自主命题:无涉及

【例·选择题】数据链路层采用选择重传（SR）协议传输数据，发送方已发送了 0～3 号数据帧，现已收到 1 号帧的确认，而 0、2 号帧依次超时，则此时需要重传的帧数是（　　）。【2011 年全国统考】

A. 1　　　　　　　B. 2　　　　　　　C. 3　　　　　　　D. 4

【答案】B

【解析】本题考查选择重传协议。选择重传协议中，接收方逐个确认正确接收的分组，不管接收到的分组是否有序，只要正确接收就发送选择 ACK 分组进行确认。因此选择重传协议中的 ACK 分组不再具有累积确认的作用。这点要特别注意与后退 N 帧协议的区别。由题意可知，只收到 1 号帧的确认，0、2 号帧超时，由于对 1 号帧不再具有累积确认的作用，因此发送方认为接收方没有收到 0、2 号帧，于是重传这两个帧。注意，对于选择重传协议，题目中没有说 3 号帧是否正确接收，只是指出 0、2 号帧超时，所以无须考虑 3 号帧的状态。所以选项 B 为正确答案。

考点 10　信道利用率（★★★★）

重要程度	★★★★
历年回顾	全国统考：2018 年、2020 年选择题，2017 年综合应用题 院校自主命题：无涉及

【例·综合应用题】甲、乙双方均采用后退 N 帧（GBN）协议进行持续的双向数据传输，且双方始终采用捎带确认，帧长均为 1000B。$S_{x,y}$ 和 $R_{x,y}$ 分别表示甲方和乙方发送的数据帧，其中 x 是发送序号，y 是确认序号（表示希望接收对方的下一帧序号），数据帧的发送序号和确认序号字段均为 3 比特。信道数据传输速率为 100Mbit/s，RTT=0.96ms。下图给出了甲方发送数据帧和接收数据帧的两种场景，其中 t_0 为初始时刻，此时甲方的发送和确认序号均为 0，t_1 时刻甲方有足够多的数据待发送。【2017 年全国统考】

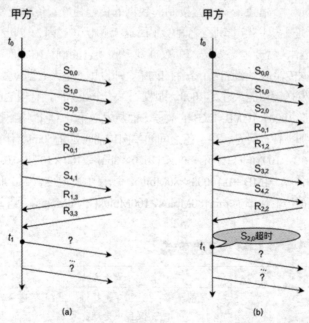

请回答下列问题。

（1）对于图（a），t_0 时刻到 t_1 时刻期间，甲方可以断定乙方已正确接收的数据帧数是多少？正确接收的是哪几个帧（请用 $S_{x,y}$ 形式给出）？

（2）对于图（a），从 t_1 时刻起，甲方在不出现超时且未收到乙方新的数据帧之前，最多还可以发送多少个数据帧？其中第一个帧和最后一个帧分别是哪个（请用 $S_{x,y}$ 形式给出）？

（3）对于图（b），从 t_1 时刻起，甲方在不出现新的超时且未收到乙方新的数据帧之前，需要重发多少个数据帧？重发的第一个帧是哪个（请用 $S_{x,y}$ 形式给出）？

（4）甲方可以达到的最大信道利用率是多少？

【答案】（1）t_0 时刻到 t_1 时刻期间，甲方可以断定乙方已正确接收了 3 个数据帧，分别是 $S_{0,0}$、$S_{1,0}$、$S_{2,0}$。因为在这此期间甲方最后收到来自乙方的 $R_{3,3}$，这表明乙方发送了 3 号数据帧并进行了捎带确认，确认序号为 3，也就是说乙方希望甲方发送序号为 3 的数据帧，因此说明乙方已经接收了甲方发送的序号为 0 ~ 2 的数据帧。

（2）由于发送序号为 3 位，因此有 8 个发送序号。在后退 N 帧协议中，序号个数 ≥ 发送窗口 +1，因此发送窗口为 7。t_0 时刻到 t_1 时刻期间，甲方最后发送了 $S_{4,1}$，表明甲方已把发送窗口中序号为 4 的数据帧发送了出去，并对乙方发来的 0 号数据帧进行了捎带确认；甲方最后收到来自乙方的 $R_{3,3}$，表明乙方发来了序号为 3 的数据帧，并对甲方发送的序号为 0 ~ 2 号的数据帧进行了捎带确认，甲方的滑动窗口可以向前滑动 3 个序号，如下图所示。

很显然，从 t_1 时刻起，甲方最多还可以将发送窗口内的 5 个数据帧连续发送出去，其中第一个数据帧的序号为 5，最后一个数据帧的序号为 1。当发送第一个序号为 5 的数据帧时，可以同时对乙方发来的且按序到达的 1 号数据帧进行捎带确认，确认序号为 2，因此甲方发送的第一个数据帧为 $S_{5,2}$；同理，当发送最后一个序号为 1 的数据帧时，可以同时对乙方发来的且按序到达的 1 号数据帧进行捎带确认，确认序号为 2，因此甲方发送的最后一个数据帧为 $S_{1,2}$。需要注意的是，尽管甲方收到了 $R_{3,3}$，也就是乙方发来的序号为 3 的数据帧，但是该数据帧并未按序到达，因为甲方之前没有收到序号为 2 的数据帧，因此甲方不能对 $R_{3,3}$ 进行捎带确认。

（3）由图（b）可知，甲方在 t_0 时刻到 t_1 时刻期间共发送了序号为 0 ~ 4 的 5 个数据帧。在 t_1 时刻甲方超时重传 2 号数据帧，这表明甲方没有收到乙方对 2 号数据帧的确认，这可能是由于 2 号数据帧未按序到达乙方或按序到达乙方但出现了误码。由于甲、乙双方都使用后退 N 帧协议，因此甲方需要重传超时的数据帧及其后续的数据帧，也就是甲方需要重传序号为 2 ~ 4 的 3 个数据帧。重传的第一个数据帧的序号为 2，由于之前已经按序正确收到乙方发来的序号为 2 的数据帧，因此可以进行捎带确认，确认序号为 3，因此重传的第一个帧为 $S_{2,3}$。

（4）甲方可以达到的最大信道利用率 (U) = 发送数据的时间 ÷ 从开始发送第一帧到收到第

一个确认帧的时间 = $(W_T \times T_d) \div (T_d+\text{RTT}+T_a)$，其中，$W_T$ 为发送窗口的尺寸；T_d 是一个数据帧的发送时延；T_a 是一个确认帧的发送时延。因为采用捎带确认，所以 $T_d=T_a$。将题目中所给的相关值代入上式得：$U = [7 \times (8\text{bit} \times 1000 \div 100\text{Mbit/s}) \div (8\text{bit} \times 1000 \div 100\text{Mbit/s} \times 2+0.96\text{ms})] \times 100\% = 50\%$。

第四节　介质访问控制方法

考点 11　信道划分多路复用（★★★）

重要程度	★★★
历年回顾	全国统考：2014 年选择题 院校自主命题：有涉及

【例 1·选择题】站点 A、B、C 通过 CDMA 共享链路，A、B、C 的码片序列（chipping sequence）分别是 (1, 1, 1, 1)、(1, -1, 1, -1) 和 (1, 1, -1, -1)，若 C 从链路上收到的序列是 (2, 0, 2, 0, 0, -2, 0, -2, 0, 2, 0, 2)，则 C 收到 A 发送的数据是（　　）。【2014 年全国统考】

A. 000　　　　　B. 101　　　　　C. 110　　　　　D. 111

【答案】B

【解析】本题考查码分复用码片的计算。把收到的序列分成每 4 个数字为一组，即为 (2, 0, 2, 0)、(0, -2, 0, -2)、(0, 2, 0, 2)，因为题目让求的是 A 发送的数据，因此把这 3 组数据与 A 站的码片序列 (1, 1, 1, 1) 做内积运算，结果分别是 $(2, 0, 2, 0) \cdot (1, 1, 1, 1) \div 4 = 1$，$(0, -2, 0, -2) \cdot (1, 1, 1, 1) \div 4 = -1$，$(0, 2, 0, 2) \cdot (1, 1, 1, 1) \div 4 = 1$，所以 C 收到 A 发送的数据是 101。故选项 B 为正确答案。

【例 2·选择题】多路复用器的主要功能是（　　）。【2022 年中南民族大学】

A. 执行数 / 模转换
B. 减少主机的通信处理负荷
C. 结合来自两条或更多条线路的传输
D. 执行串行 / 并行转换

【答案】C

【解析】本题考查多路复用器的主要功能。使用多路复用器就是为了在同一物理线路上发送多路信号来达到降低成本的目的，所以多路复用器的作用是结合来自两条或者更多条线路的传输以实现多路复用。

考点 12　随机访问与碰撞冲突（★★★★★）

重要程度	★★★★★
历年回顾	全国统考：2009 年、2011 年、2013 年、2015 年、2018 年、2019 年、2020 年、2024 年选择题，2010 年综合应用题 院校自主命题：有涉及

【例1·选择题】在一个采用 CSMA/CD 协议的网络中，传输介质是一根完整的电缆，数据传输速率为 1Gbit/s，电缆中的信号传播速率是 200000km/s。若最小数据帧长度减少 800 比特，则最远的两个站点之间的距离至少需要（　　）。【2009 年全国统考】

　　A．增加 160m　　　B．增加 80m　　　C．减少 160m　　　D．减少 80m

【答案】D

【解析】本题考查 CSMA/CD 协议的工作原理。若最短帧长度减少，而数据传输速率不变，则需要使冲突域的最大距离变短来实现争用期的减少。争用期是指网络中收发节点间的往返时延，因此假设需要减少的最小距离为 d，单位是 m，则根据题意可得（注意单位的转换）：$2 \times [d \div (2 \times 10^8)] = 800 \div (1 \times 10^9)$，解得 $d = 80$m，即最远的两个站点之间的距离最少需要减少 80m。

【例2·选择题】下列选项中，对正确接收的数据帧进行确认的 MAC 协议是（　　）。【2011 年全国统考】

　　A．CSMA　　　B．CDMA　　　C．CSMA/CD　　　D．CSMA/CA

【答案】D

【解析】本题考查 CSMA/CA 协议。CSMA/CA 是无线局域网标准 IEEE 802.11 中的协议，它在 CSMA 的基础上增加了冲突避免的功能。ACK 帧是 CSMA/CA 避免冲突的机制之一，也就是说，只有当发送方收到接收方发回的 ACK 帧后，才确认发出的数据帧已正确到达目的地。

【例3·选择题】下列介质访问控制方法中，可能发生冲突的是（　　）。【2013 年全国统考】

　　A．CDMA　　　B．CSMA　　　C．TDMA　　　D．FDMA

【答案】B

【解析】本题考查 CSMA 协议。CSMA（Carrier Sense Multiple Access，载波监听多路访问）协议的原理是站点在发送数据前先监听信道，发现信道空闲后再发送，但在发送过程中有可能会发生冲突。

【例4·选择题】下列关于 CSMA/CD 协议的叙述中，错误的是（　　）。【2015 年全国统考】

　　A．边发送数据帧，边检测是否发生冲突

　　B．适用于无线网络，以实现无线链路共享

　　C．需要根据网络跨距和数据传输速率限定最小帧长

　　D．当信号传播时延趋近 0 时，信道利用率趋近 100%

【答案】B

【解析】本题考查 CSMA/CD 协议。CSMA/CD 协议适用于有线网络，而 CSMA/CA 协议被广泛应用于无线网络。其他 3 个选项的叙述都是正确的。

【例5·选择题】10M 以太网采用的随机争用型介质访问控制方法，即（　　）。【2015 年四川大学】

　　A．CDMA　　　B．CSMA/CD　　　C．ALOHA　　　D．Token Ring

【答案】B

【解析】本题考查 CSMA/CD 协议的特点。CSMA/CD 协议的特点之一是碰撞检测。碰撞检测就是边发送边侦听，因此会存在与其他设备的争用期。只有整个争用期都没有检测到碰撞，才会进行发送。

【例6·选择题】IEEE 802.11 无线局域网的 MAC 协议 CSMA/CA 进行信道预约的方法是（　　）。【2018 年全国统考】

  A. 发送确认帧　　　　　　　　　　B. 采用二进制指数退避
  C. 使用多个 MAC 地址　　　　　　　D. 交换 RTS 与 CTS 帧

【答案】D

【解析】本题考查 CSMA/CA 预约信道的方法。CSMA/CA 协议在进行信道预约时，主要使用的是 RTS（Request To Send，请求发送）帧和 CTS（Clear To Send，清除发送）帧。一台主机想要发送信息时，会先向无线站点发送一个 RTS 帧，说明要传输的数据及相应的时间。无线站点收到 RTS 帧后，会广播一个 CTS 帧作为对此的响应，既给发送端发送许可，又指示其他主机不要在这个时间内发送数据，从而预约信道，避免碰撞。发送确认帧的目的主要是保证信息的可靠传输；二进制指数退避算法是 CSMA/CD 协议中的一种冲突处理方法；选项 C 和预约信道无关。综上，选项 D 为正确答案。

【例7·选择题】假设一个采用 CSMA/CD 协议的 100Mbit/s 局域网，最小帧长是 128B，则在一个冲突域内两个站点之间的单向传播时延最多是（　　）。【2019 年全国统考】

  A. 2.56μs　　　　B. 5.12μs　　　　C. 10.24μs　　　　D. 20.48μs

【答案】B

【解析】本题考查 CSMA/CD 协议冲突时延的计算方法。在以太网中，如果某个 CSMA/CD 网络上的两台计算机同时通信时会发生冲突，那么这个 CSMA/CD 网络就是一个冲突域。假设 CSMA/CD 争用期为 $2T$，T 为总线上的端到端传播时延（题目所求的一个冲突域内两个站点之间的单向传播时延最小值）。由题意可知，最小帧长为 128B，即 1024bit，由于数据传输速率为 100Mbit/s，则 $2T \times 100\text{Mbit/s} = 1024\text{bit}$，解得 $T = 5.12\mu s$。所以选项 B 为正确答案。

【例8·选择题】IEEE 802.11 采用 CSMA/CA 协议进行通信，SIFS 为 28μs，DIFS 为 120μs，RTS、CTS、ACK 的传播时延分别为 3μs、2μs、2μs，主机 A 要向 AP 发送 1998B 的数据，数据传输速率为 54Mbit/s，则隐蔽站 B 接收到 CTS 之后至少要将 NAV 值设置为（　　）μs。【2024 年全国统考】

  A. 326　　　　B. 354　　　　C. 385　　　　D. 474

【答案】B

【解析】本题考查 CSMA/CA 预约信道的方法。其他站收到 CTS 帧后，根据 CTS 帧中的持续时间修改自己的网络分配向量（NAV）。NAV 的时间就是其他节点推迟访问的时间，约等于 SIFS 的时间 + 数据发送的时间 + SIFS 的时间 + ACK 帧传播时延，因此，数据发送的时间 = $(1998 \times 8\text{bit}) \div (54 \times 10^6 \text{bit/s}) = 296\mu s$，NAV 的时间 = $28 + 296 + 28 + 2 = 354(\mu s)$。

第五节 局域网

考点 13 局域网的基本概念（★）

重要程度	★
历年回顾	全国统考：无涉及 院校自主命题：有涉及

【例·选择题】一个 VLAN 可以看作是一个（　　）。【2017 年沈阳农业大学】
A. 冲突域　　　　B. 广播域　　　　C. 管理域　　　　D. 阻塞域
【答案】B
【解析】本题考查局域网的概念。VLAN（虚拟局域网）是由一些局域网网段构成的与物理位置无关的逻辑组，同一个 VLAN 内的主机可以直接通信，而 VLAN 之间的主机不能直接通信，从而将广播报文限制在一个 VLAN 内。在不同的网络端口划分 VLAN 时，二层的数据转发仅能在同一个 VLAN 下进行通信，从而实现了在同一个网段下的广播消息隔离。由于广播报文只能在组内转发，所以一个 VLAN 可以看作是一个广播域。故选项 B 为正确答案。

考点 14 局域网的体系结构（★）

重要程度	★
历年回顾	全国统考：无涉及 院校自主命题：有涉及

【例·选择题】局域网体系结构中，数据链路层分为两个子层。其中与介入各种传输介质相关的在（　　）子层，服务访问点 SAP 在（　　）层与高层的交界面上。【2005 年华中科技大学】
A. LLC，LLC　　　　　　　　　　　　B. MAC，LLC
C. LLC，MAC　　　　　　　　　　　　D. MAC，MAC
【答案】B
【解析】本题考查局域网体系中数据链路层的子层。为了使数据链路层能更好地适应多种局域网标准，IEEE 802 委员会将局域网的数据链路层拆成两个子层：逻辑链路控制（Logical Link Control，LLC）子层和介质访问控制（Medium Access Control，MAC）子层。与访问传输介质有关的内容都放在 MAC 子层，而 LLC 子层则与传输介质无关，不管采用何种协议的局域网，对 LLC 子层来说都是透明的。LLC 负责与上层的交互。

考点 15 以太网帧格式（★★★）

重要程度	★★★
历年回顾	全国统考：2013 年选择题 院校自主命题：无涉及

【例1·选择题】IEEE 802.3 标准以太网中，传输的最小帧长度为（　　）字节。【模拟题】

A. 1500　　　　　　B. 32　　　　　　C. 256　　　　　　D. 64

【答案】D

【解析】本题考查以太网的基本概念。根据规定，以太网帧数据域部分最小为46字节。目的地址：6字节；源地址：6字节；类型/长度：2字节，0～1500保留为长度域值，1536～65535保留为类型域值（0x0600～0xFFFF）；数据：46～1500字节；帧校验序列（Frame Check Sequence，FCS）：4字节。也就是说，以太网帧的长度最小是64（6+6+2+46+4=64）字节。

【例2·选择题】对于100Mbit/s 的以太网交换机，当输出端口无排队，以直通交换（cut-through switching）方式转发一个以太网帧（不包括前导码）时，引入的转发时延至少是（　　）。【2013年全国统考】

A. 0μs　　　　　　B. 0.48μs　　　　　　C. 5.12μs　　　　　　D. 121.44μs

【答案】B

【解析】本题考查以太网帧的格式和转发时延的计算。以太网帧的格式如下图所示。

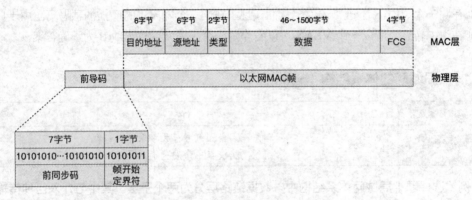

采用直通交换方式的交换机在接收帧时，一般只要接收到帧的前14字节（8字节的前导码和6字节的目的地址），就已经知道了帧的MAC地址，交换机不缓存帧也不对其进行校验，而是启动内部的动态查找表并转换成相应的输出端口，在输入与输出交叉处接通，把帧直通到相应的端口，实现交换功能，这比采用存储转发方式的交换机具有更小的转发时延。

本题指明不包括前导码，因此只检查帧的目的地址，共6字节，所以引入的转发时延至少是0.48μs（8bit×6÷100Mbit/s=0.48μs），因此选项B为正确答案。

考点16　高速以太网（★）

重要程度	★
历年回顾	全国统考：2019年选择题 院校自主命题：有涉及

【例1·选择题】速率达到或超过（　　）Mbit/s 的以太网称为高速以太网。【2022年南开大学】

A. 50　　　　　　B. 100　　　　　　C. 150　　　　　　D. 1000

【答案】B

【解析】本题考查高速以太网的速率标准。高速以太网的数据传输速率要大于等于100Mbit/s。

【例2·选择题】100Base-T 快速以太网使用的导向传输介质是（　　）。【2019 年全国统考】

  A. 双绞线   B. 单模光纤   C. 多模光纤   D. 同轴电缆

【答案】A

【解析】本题考查以太网的基本概念。100Base-T 是一种以 100Mbit/s 数据传输速率工作的局域网标准，它通常被称为快速以太网，并使用 UTP（非屏蔽双绞线）铜质电缆。在 100Base-T 中，100 表示数据传输速率为100Mbit/s，Base 表示采用基带传输，T 表示传输介质为双绞线（若 T 变为 F，则表示光纤）。

考点 17　IEEE 802.3（★★）

重要程度	★★
历年回顾	全国统考：无涉及 院校自主命题：无涉及

【例·选择题】IEEE 802.3 采用的介质访问控制方法为（　　）。【模拟题】

  A. 1-坚持算法的 CSMA/CD   B. 非坚持算法的 CSMA/CD

  C. P-坚持算法的 CSMA/CD   D. 以上均不对

【答案】A

【解析】本题考查 CSMA/CD 的信道侦听方式。CSMA/CD 的信道侦听方式可以分为非坚持 CSMA、1-坚持 CSMA 和 P-坚持 CSMA 3 种类型。IEEE 802.3 规定的侦听方式是 1-坚持 CSMA，当侦听到信道空，在进行数据发送并发生冲突时，后退一段时间再侦听。若下次还发生冲突，则后退时间加倍（乘以 2），这称为二进制指数退避。

考点 18　无线局域网（★★★）

重要程度	★★★
历年回顾	全国统考：2017 年、2020 年选择题 院校自主命题：有涉及

【例1·选择题】在下图所示的网络中，若主机 H 发送一个封装访问 Internet 的 IP 分组的 IEEE 802.11 数据帧 F，则帧 F 的地址1、地址2和地址3分别是（　　）。【2017 年全国统考】

A. 00-12-34-56-78-9a、00-12-34-56-78-9b、00-12-34-56-78-9c
B. 00-12-34-56-78-9b、00-12-34-56-78-9a、00-12-34-56-78-9c
C. 00-12-34-56-78-9b、00-12-34-56-78-9c、00-12-34-56-78-9a
D. 00-12-34-56-78-9a、00-12-34-56-78-9c、00-12-34-56-78-9b

【答案】B

【解析】本题考查 IEEE 802.11。IEEE 802.11 数据帧有 4 种子类型，分别是 IBSS、FromAP、ToAP 和 WDS。题目中的数据帧 F 被从主机 H 发送到接入点（AP），属于 ToAP 子类型。数据帧 F 的地址 1 是 RA（BSSID）、地址 2 是 SA、地址 3 是 DA。RA 是 Receiver Address（接收器地址）的缩写，BSSID 是 Basic Service Set Identifier（基本服务集标识符）的缩写，SA 是 Source Address（原地址）的缩写，DA 是 Destination Address（目的地址）的缩写。因此，地址 1 是 AP 的 MAC 地址，地址 2 是 H 的 MAC 地址，地址 3 是 R 的 MAC 地址，对照图中的 MAC 地址可知选项 B 是正确答案。

【例 2 · 选择题】基于 IEEE 802.11 标准的无线局域网的 MAC 层采用的协议为（　　）。【2018 年北京工业大学】

A. TCP　　　　B. UDP　　　　C. CSMA/CD　　　　D. CSMA/CA

【答案】D

【解析】本题考查 IEEE 802.11。在 IEEE 802.11 无线局域网协议中，冲突的检测存在一定的问题，这个问题被称为"Near/Far"现象，这是由于要检测冲突，设备必须能够一边接收数据信号，一边传输数据信号，而这在无线系统中是无法实现的。IEEE 802.3 的 CSMA/CD 在以太网中是用通信线路链接的，也就是说，在一点发送，其他点都能接收到。而 IEEE 802.11 是在无线网络中，利用无线接入点相互传输数据，覆盖的范围有限，所以采用 RTS/CTS 选项来接收 ACK 和发送数据，即采用 CSMA/CA 协议。

【例 3 · 选择题】某 IEEE 802.11 无线局域网中，主机 H 与 AP 之间发送或接收 CSMA/CA 帧的过程如下图所示。在 H 或 AP 发送帧前所等待的帧间空隙（IFS）中，最长的是（　　）。【2020 年全国统考】

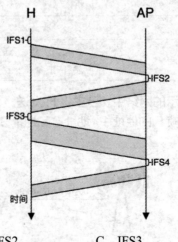

A. IFS1　　　　B. IFS2　　　　C. IFS3　　　　D. IFS4

【答案】A

【解析】本题考查无线局域网 IEEE 802.11 通信标准。为了尽量避免碰撞，IEEE 802.11 规定，所有站点在完成发送后，必须等待一段很短的时间才能发送下一帧，这段时间被称为帧间空隙（Inter Frame Space，IFS），其长短取决于该站点要发送的帧的类型。

IEEE 802.11 使用如下 3 种 IFS。

① DIFS（分配的帧间空隙）：最长的 IFS，优先级最低，用于异步帧竞争访问的时延。

② PIFS（点协调功能帧间空隙）：中等长度的 IFS，优先级居中，在点协调功能（Point Coordination Function，PCF）操作中使用。

③ SIFS（短的帧间空隙）：最短的 IFS，优先级最高，用于需要立即响应的操作。

网络中的控制帧及对所接收数据的确认帧都采用 SIFS 作为发送之前的等待时延。当节点要发送数据帧时，载波监听到信道空闲，需等待 DIFS 后发送 RTS 预约信道。图中 IFS1 对应的 IFS 为 DIFS，时间最长；图中 IFS2、IFS3、IFS4 对应的 IFS 都是 SIFS。

考点 19　虚拟局域网（★★）

重要程度	★★
历年回顾	全国统考：无涉及 院校自主命题：无涉及

【例·选择题】下面关于 VLAN 的描述中，正确的是（　　）。【模拟题】

A. 一个 VLAN 是一个广播域

B. 一个 VLAN 是一个冲突域

C. 一个 VLAN 必须连接同一个交换机

D. 不同 VLAN 之间不能通信

【答案】A

【解析】本题考查 VLAN 的基本概念。VLAN（Virtual Local Area Network，虚拟局域网）是将一个物理的局域网在逻辑上划分成多个广播域的通信技术。因此一个 VLAN 是一个广播域，故选项 A 正确。在交换机上，一个端口就是一个冲突域，而一个 VLAN 可以包含多个端口，所以一个 VLAN 可以是多个冲突域，故选项 B 错误。VLAN 的设定不受实际交换机区段的限制，也不受用户所在的物理位置和物理网段的限制，故选项 C 错误。不同 VLAN 之间不能直接通信，但可以通过第三层路由功能完成通信，故选项 D 错误。

第六节　广域网

考点 20　广域网的基本概念（★）

重要程度	★
历年回顾	全国统考：无涉及 院校自主命题：有涉及

【例·选择题】局域网与广域网之间的差异不仅在于它们所能覆盖的地理范围不同，而且还在于它们（　　）不同。【2011 年武汉大学】

A. 所使用的介质　　　　　　　　　　B. 所使用的协议

C. 所能支持的通信量　　　　　　　　D. 所提供的服务

【答案】B

【解析】本题考查局域网与广域网的差异。除了通过覆盖的地理范围来区分局域网和广域网，还可以通过它们所采用的协议和网络技术来区分。例如，局域网使用共享广播的数据交换技术，广域网使用存储转发的数据交换技术，这才是二者的根本区别。故选项 B 为正确答案。

考点 21　点对点协议（PPP）（★★）

重要程度	★★
历年回顾	全国统考：无涉及 院校自主命题：有涉及

【例·选择题】个人计算机申请了账号并采用 PPP 拨号方式接入 Internet 后，该计算机（　　）。【2021 年杭州电子科技大学】

A. 拥有与 Internet 服务商主机相同的 IP 地址

B. 拥有自己唯一但不固定的 IP 地址

C. 拥有自己唯一且固定的 IP 地址

D. 只作为 Internet 服务商主机的一个终端，因而没有自己的 IP 地址

【答案】B

【解析】本题考查点对点协议（Point-to-Point Protocol，PPP）的特点。拥有独立的 IP 地址，且该地址不固定，每次拨号必须重新申请合法的 IP 地址才能上网。

第七节　数据链路层设备

考点 22　网桥（★）

重要程度	★
历年回顾	全国统考：无涉及 院校自主命题：有涉及

【例 1·选择题】以下关于网桥的描述不正确的是（　　）。【模拟题】

A. 网桥在 OSI 参考模型的数据链路层实现互联

B. 网桥能够实现局域网和广域网的互联

C. 网桥能够识别一个完整的帧

D. 网桥对大型网络不适用

【答案】B

【解析】本题考查考生对网桥的理解。网桥在数据链路层工作，不能实现局域网和广域网的互联。

【例2·选择题】STP 用来解决（　　）。【2014 年南京大学】
A. 拥塞控制问题　　　　　　　　　B. 广播风暴问题
C. 流量控制问题　　　　　　　　　D. 数据冲突问题

【答案】B

【解析】本题考查网桥网络中的 STP（Spanning Tree Protocol，生成树协议）。STP 最主要的作用是避免局域网中的单点故障、网络回环，解决成环以太网网络的"广播风暴"问题，从某种意义上说是一种网络保护技术，可以消除由于失误或者意外带来的循环连接。STP 也为网络提供了备份连接的可能，可与 SDH（Synchronous Digital Hierarchy，同步数字系列）保护配合构成以太环网的双重保护。新型以太单板支持符合 IEEE 802.1d 标准的 STP 及 IEEE 802.1w 规定的 RSTP（快速生成树协议），收敛速度可达到 1s。

考点 23　交换机（★★）

重要程度	★★
历年回顾	全国统考：2009 年、2014 年、2015 年选择题 院校自主命题：有涉及

【例1·选择题】以太网交换机进行转发决策时使用的 PDU 地址是（　　）。【2009 年全国统考】
A. 目的物理地址　　　　　　　　　B. 目的 IP 地址
C. 源物理地址　　　　　　　　　　D. 源 IP 地址

【答案】A

【解析】本题考查交换机转发决策的过程。（1）协议数据单元（Protocol Data Unit，PDU）是计算机网络体系结构中对等层传递的数据单位。物理层的 PDU 是比特流，数据链路层的 PDU 是帧，网络层的 PDU 是数据分组，传输层的 PDU 是报文段，应用层的 PDU 是报文。（2）以太网交换机属于数据链路层，在收到帧后，提取帧首部中的源 MAC 地址和目的 MAC 地址字段的值，将源 MAC 地址与该帧进入交换机的端口的端口号作为一条记录写入自己的帧交换表（或称帧转发表），然后在帧交换表中查找目的 MAC 地址，如果找到了匹配的记录，则从该记录中的端口项所指定的端口明确转发该帧；如果找不到匹配的记录，则采用泛洪法转发该帧，也就是通过除该帧进入交换机端口外的其他所有端口转发该帧。

由（2）可知，以太网交换机根据帧的目的 MAC 地址对帧进行转发，目的 MAC 地址又称为目的物理地址或目的硬件地址，因此选项 A 为正确答案。

【例2·选择题】某以太网拓扑及交换机当前转发表如下页图所示，主机 00-e1-d5-00-23-a1 向主机 00-e1-d5-00-23-c1 发送一个数据帧，主机 00-e1-d5-00-23-c1 收到该帧后，向主机 00-e1-d5-00-23-a1 发送一个确认帧，交换机对这两个帧的转发端口分别

是（　　）。【2014 年全国统考】

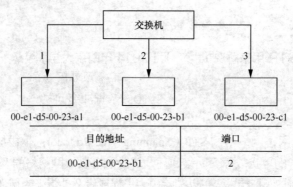

A．{3} 和 {1}　　　　　　　　　　B．{2，3} 和 {1}
C．{2，3} 和 {2}　　　　　　　　　D．{1，2，3} 和 {1}

【答案】B

【解析】本题考查交换机的工作方式。主机 00-e1-d5-00-23-a1 向主机 00-e1-d5-00-23-c1 发送一个数据帧时，交换机转发表中没有 00-e1-d5-00-23-c1 这一项，所以向除了端口 1 外的所有端口广播这一帧，即转发端口 2 和 3 会转发这一帧，同时因为转发表中没有 00-e1-d5-00-23-a1 这一项，所以转发表会将"目的地址 00-e1-d5-00-23-a1，端口 1"这一项加入转发表。而当 00-e1-d5-00-23-c1 向 00-e1-d5-00-23-a1 发送一个确认帧时，由于转发表中已经有 00-e1-d5-00-23-a1 这一项，所以交换机只向端口 1 转发确认帧，所以选项 B 为正确答案。

【例 3·选择题】下列关于交换机的叙述中，正确的是（　　）。【2015 年全国统考】
　　A．以太网交换机本质上是一种多端口网桥
　　B．通过交换机互联的一组工作站构成一个冲突域
　　C．交换机每个端口所连网络构成一个独立的广播域
　　D．以太网交换机可实现采用不同网络层协议的网络互联

【答案】A

【解析】本题考查交换机的基本概念。

以太网交换机本质上是一种多端口网桥，"交换机"本身并无准确的定义和明确的概念。因此选项 A 正确。

交换机可以将多个独立的冲突域互联起来以扩大通信范围，但这并不会形成一个更大的冲突域，仍然是多个独立的冲突域。换句话说，交换机可以隔离冲突域。因此选项 B 错误。

交换机可以隔离冲突域，但不能隔离广播域（使用交换机互联多个广播域将形成一个更大的广播域），只有网络层的互联设备（路由器）才能分割广播域。因此选项 C 错误。

常见的二层（物理层和数据链路层）交换机并没有网络层功能，不能实现不同网络层协议的网络互联。因此选项 D 错误。

【例 4·选择题】以下关于高速以太网中二层交换机的叙述，正确的是（　　）。【2016 年南京大学】
　　A．二层交换机用于连接属于不同 IP 网段的以太网

B. 二层交换机相当于一个多端口的网桥

C. 二层交换机不支持以太网的广播操作

D. 二层交换机不能支持虚拟子网的设置

【答案】B

【解析】本题考查二层交换机的作用。从本质上说，以太网中的二层交换机是一个多端口的网桥，所以选项 B 正确。二层交换机主要实现物理层和数据链路层的功能，不能用于连接属于不同 IP 网段的以太网（这是三层交换机的功能）；二层交换机支持广播（有的支持多播）操作和 VLAN（可以隔离广播域），所以选项 A、C、D 错误。综上，选项 B 为正确答案。

【例 5·选择题】交换机收到一个帧，但该帧的目的地址在其 MAC 地址表中找不到对应，交换机将（　　）。【2016 年浙江工商大学】

A. 丢弃　　　　　　　　　　　　B. 退回

C. 洪泛　　　　　　　　　　　　D. 转发给网关

【答案】C

【解析】本题考查交换机。交换机和透明网桥一样，也是即插即用设备，其内部的帧转发表也是通过自学习算法自动建立起来的；一个帧在交换机的 MAC 地址表中找不到目的地址对应的端口时，就要进行洪泛。洪泛是指向除了消息进入的那个端口之外的所有端口以普通帧的形式发送消息。所以选项 C 为正确答案。

过关练习

选择题

1. 已知循环冗余码生成多项式 $G(x) = x^5+x^4+x+1$，若信息位为 10101100，则冗余码是（　　）。【模拟题】

A. 01101　　　　　　　　　　　　B. 01100

C. 1101　　　　　　　　　　　　　D. 1100

2. 假设有一个 12 位的海明码（采用偶校验编码，且最多只有 1 位发生错误），其十六进制的值为 ACFH，请问原来的值为（　　）。【模拟题】

A. EFH　　　　　　　　　　　　B. AFH

C. 4FH　　　　　　　　　　　　D. BFH

3. 以下协议中，不具备流量控制功能的是（　　）。【模拟题】

A. 停止—等待协议

B. PPP

C. ARQ 协议

D. 滑动窗口协议

4. 以下滑动窗口协议中，一定按序接收到达的分组有（　　）。【模拟题】
   Ⅰ. 停止—等待协议
   Ⅱ. 后退 N 帧（GBN）协议
   Ⅲ. 选择重传（SR）协议
   A. Ⅰ和Ⅱ　　　　　　　　　　　　B. Ⅰ和Ⅲ
   C. Ⅱ和Ⅲ　　　　　　　　　　　　D. Ⅰ、Ⅱ和Ⅲ

5. 假定运行发送窗口大小为 5 和接收窗口大小为 3 的滑动窗口算法，并且在传输过程中不会发生分组失序的问题，帧序号的编码至少有（　　）位。【模拟题】
   A. 2　　　　　　　　　　　　　　B. 3
   C. 4　　　　　　　　　　　　　　D. 5

6. 在滑动窗口协议中，已知帧的序号为 3bit，若采用后退 N 帧（GBN）协议传输数据，则发送窗口最大为＿＿＿＿；若采用选择重传（SR）协议，并且发送窗口与接收窗口的大小一样时，发送窗口最大为＿＿＿＿。（　　）【模拟题】
   A. 8，6　　　　　　　　　　　　　B. 8，4
   C. 7，4　　　　　　　　　　　　　D. 7，6

7. 主机甲、乙间采用停止—等待协议，发送帧长为 50B 的数据帧，确认帧采用捎带确认，数据传输速率为 2kbit/s，RTT 约为 200ms，则最大信道利用率约为（　　）。【模拟题】
   A. 50%　　　　　　　　　　　　　B. 33%
   C. 60%　　　　　　　　　　　　　D. 100%

8. 一个信道的数据传输速率为 4kbit/s，单向传播时延为 200ms，要使停止—等待协议有 50% 以上的信道利用率，最小帧长应该为（　　）。【模拟题】
   A. 200B　　　　　　　　　　　　　B. 300B
   C. 100B　　　　　　　　　　　　　D. 150B

9. 在简单停止—等待协议中，为了解决重复帧的问题，需要采用（　　）。【模拟题】
   A. 帧序号
   B. 定时器
   C. ACK 机制
   D. NAK 机制

10. 信道数据传输速率为 4kbit/s，采用停止—等待协议。设传播时延 t=20ms，确认帧的长度和处理时间均可忽略。若信道的利用率达到至少 50%，则帧长至少为（　　）。【模拟题】
    A. 40bit　　　　　　　　　　　　B. 80bit
    C. 160bit　　　　　　　　　　　 D. 320bit

11. 采用后退 N 帧（GBN）协议接收窗口内的序号为 4 时，接收到正确的 5 号帧应该（   ）。【模拟题】

    A. 丢弃 5 号帧

    B. 将窗口滑动到 5 号帧

    C. 将 5 号帧缓存下来

    D. 将 5 号帧交给上层处理

12. 若数据链路层采用后退 N 帧（GBN）协议，发送窗口的大小 W_T=4，则在发送 3 号帧，并接到 2 号帧的确认帧后，发送方还可以连续发送的帧数是（   ）。【模拟题】

    A. 2
    B. 3
    C. 4
    D. 1

13. 在 CSMA/CD 协议中，下列指标与冲突时间没有关系的是（   ）。【模拟题】

    A. 检测一次冲突所需要的最长时间

    B. 最小帧长度

    C. 最大帧长度

    D. 最大帧碎片长度

14. 以太网中如果发生介质访问冲突，按照二进制指数退避算法决定下一次重发的时间，使用二进制指数退避算法的理由是（   ）。【模拟题】

    A. 这种算法简单

    B. 这种算法执行速度快

    C. 这种算法考虑了网络负载对冲突的影响

    D. 这种算法与网络的规模大小无关

15. 以下几种 CSMA 协议中，（   ）协议在监听到介质是空闲时一定发送。【模拟题】

    Ⅰ. 1-坚持 CSMA

    Ⅱ. P-坚持 CSMA

    Ⅲ. 非坚持 CSMA

    A. 仅Ⅰ
    B. Ⅰ和Ⅲ
    C. Ⅰ和Ⅱ
    D. Ⅰ、Ⅱ和Ⅲ

16. 交换机比集线器提供更好的网络性能的原因是（   ）。【模拟题】

    A. 使用交换方式支持多对用户同时通信

    B. 使用差错控制机制减少出错率

    C. 使网络的覆盖范围更大

    D. 无须设置，使用更方便

综合应用题

17. 某局域网采用 CSMA/CD 协议实现介质访问控制，数据传输速率为 10Mbit/s，主机甲和主机乙之间的距离是 2km，信号传播速率是 200000km/s。请回答下列问题，要求说明理由或写出计算过程。【2010 年全国统考】

（1）若主机甲和主机乙发送数据时发生冲突，则从开始发送数据时刻起，到两台主机均检测到冲突时刻止，最短需要多长时间，最长需要多长时间（假设主机甲和主机乙在发送数据的过程中，其他主机不发送数据）？

（2）若网络不存在任何冲突与差错，主机甲总是以标准的最长以太网数据帧（1518B）向主机乙发送数据，主机乙每成功收到一个数据帧后立即向主机甲发送一个 64B 的确认帧，主机甲收到确认帧后方可发送下一个数据帧。此时主机甲的有效数据传输速率是多少（不考虑以太网的前导码）？

答案与解析

题号	1	2	3	4	5	6	7	8	9	10
答案	B	B	B	A	B	C	B	A	A	C
题号	11	12	13	14	15	16				
答案	A	B	C	C	B	A				

1. B【解析】本题考查循环冗余码中的计算方法。生成的多项式 $G(x) = x^5+x^4+x+1$ 对应的二进制位串为 110011，共 6 位，所以次数 r=6-1=5。在信息位串后补 5 个 0，即 1010110000000，对应的多项式为 $x^rM(x)$。根据模 2 运算，计算 $x^rM(x)/G(x)$ 的余数 $R(x)$，求出的 $R(x)$ 就是冗余码，即用 10101100 00000 除以 110011，余数为 01100，即冗余码为 01100。

2. B【解析】本题考查海明码。首先将编码后的数据转换成二进制形式，十六进制的 ACFH 转换为二进制为 1010 1100 1111。其次，列出数据与位置的对应表，如下表所示。

数据	1	0	1	0	1	1	0	0	1	1	1	1
位置	M_1	M_2	M_3	M_4	M_5	M_6	M_7	M_8	M_9	M_{10}	M_{11}	M_{12}

其中，第 1、2、4、8 位为校验位，其余位为数据位。

设出错位为 e_1、e_2、e_3、e_4，确定其与数据位的关系。M_1 下标的数字 1 可以表示为 0001，分别对应 e_4、e_3、e_2、e_1，由于 e_1 的值为 1，所以 M_1 只和 e_1 有关；M_3 下标的数字 3 可以表示为 0011，所以 M_3 和 e_1、e_2 有关；M_7 下标的数字 7 可以表示为 0111，所以 M_7 和 e_1、e_2、e_3 有关。以此类推，只需要将这些有关的位用异或符号 ⊕ 连接起来即可，最后可得如下公式。

$e_1 = M_1 \oplus M_3 \oplus M_5 \oplus M_7 \oplus M_9 \oplus M_{11} = 1 \oplus 1 \oplus 1 \oplus 0 \oplus 1 \oplus 1 = 1$

$e_2 = M_2 \oplus M_3 \oplus M_6 \oplus M_7 \oplus M_{10} \oplus M_{11} = 0 \oplus 1 \oplus 1 \oplus 0 \oplus 1 \oplus 1 = 0$

$e_3 = M_4 \oplus M_5 \oplus M_6 \oplus M_7 \oplus M_{12} = 0 \oplus 1 \oplus 1 \oplus 0 \oplus 1 = 1$

$e_4 = M_8 \oplus M_9 \oplus M_{10} \oplus M_{11} \oplus M_{12} = 0 \oplus 1 \oplus 1 \oplus 1 \oplus 1 = 0$

按照 e_4、e_3、e_2、e_1 的排列方式得到的二进制序列为 0101，恰好是 5 的二进制表示，只需要把第五位取反即可，最后的正确信息为 1010 0100 111，然后删除校验位，即第 1、2、4、8 位，最后得到原始的数据位为 1010 111，转换成十六进制为 AFH。

3. B【解析】本题考查流量控制的相关协议。数据链路层的流量控制有停止—等待协议和滑动窗口协议，包括后退 N 帧协议和选择重传协议，这些协议都是 ARQ（自动重传请求）协议。而 PPP 是目前广域网中应用最广泛的数据链路层协议之一，不具备流量控制功能。

4. A【解析】本题考查滑动窗口协议的原理和实现。停止—等待协议与后退 N 帧协议的接收窗口大小都为 1，接收方一次只能接收所期待的帧；选择重传协议的接收窗口一般大于 1，可接收落在窗口内的乱序到达的帧，以提高效率。要使分组一定是按序接收的，只有接收窗口的大小为 1 才能满足，即停止—等待协议和后退 N 帧协议满足条件。

5. B【解析】本题考查滑动窗口协议。滑动窗口协议中发送、接收窗口的大小必须满足：发送窗口大小 W_T ≥ 接收窗口大小 W_R，且 $W_T + W_R \leq 2^m$（m 为帧序号的位数）。所以 $W_T + W_R = 8 \leq 2^m$，$m \geq 3$，即帧序号的编码至少有 3 位。

6. C【解析】本题考查不同协议发送窗口大小的计算。只有在发送窗口的大小 $W_T \leq 2^m - 1$（m 为帧序号的位数），即发送窗口最大为 7 时，后退 N 帧协议才能正常运行；若采用选择重传协议，如果用 m 比特进行编号，则接收窗口的大小 $W_R \leq 2^{m-1}$，即接收窗口最大为 4，理由是防止上一轮的帧号与下一轮的相同帧号同时出现而造成接收方的误判。

7. B【解析】本题考查停止—等待协议和信道利用率的计算。停止—等待协议每发出一帧都需要收到该帧的 ACK 才能发送下一帧，确认帧的帧长也为 50B（采用捎带确认说明确认帧的帧长和数据帧的帧长一样），发送数据帧的时间 = 发送确认帧的时间 = 50B × 8bit/B ÷ 2kbit/s = 200ms，一个发送周期 = 发送数据帧的时间 + 发送确认帧的时间 + 往返时间（RTT）= 200ms+200ms+200ms =600ms，信道利用率 = 发送数据帧的时间 ÷ 一个发送周期 ×100% = (200ms ÷ 600ms) × 100%≈ 33%。

8. A【解析】本题考查停止—等待协议和信道利用率的计算。停止—等待协议每发出一帧都需要收到该帧的 ACK 才能发送下一帧，确认帧的帧长忽略不计（除非明确说明确认帧的帧长），一个发送周期 = 发送数据帧的时间 + 往返时间（RTT），信道利用率 = 发送数据帧的时间 ÷ 一个发送周期 ×100%= 50%，所以发送数据帧的时间 = 往返时间 = RTT = 2 × 200ms = 400ms，帧长 = 发送数据帧的时间 × 数据传输速率 = 400ms × 4kbit/s = 1600bit = 200B。

9. A【解析】本题考查停止—等待协议。在停止—等待协议中，如果在规定时间内没有收到接收方的确认帧信息，发送方就会重新发送该帧，也就是发送了重复帧。为了避免因为重复帧引起的错误，简单停止—等待协议采用了帧序号机制，即在规定的时间内未接收到确认帧，即重新发送；此时接收到的帧为重复帧，而序号与前面一帧的相同。若接收端连续接收到的帧的序号都相同，则认为是重复帧；若帧的序号不同，则理解为仅仅是内容相同的不同的帧，所以选项 A 正确。而 ACK 机制是用于 TCP 中的拥塞控制机制，并不是用于解决重复帧问题的。

10. C【解析】本题考查最小帧长与信道利用率的计算方法。在确认帧的长度和处理时间均忽略不计的情况下，信道利用率 ≈ 发送时间 ÷（发送时间 +2× 传播时间）。根据信道利用率的计算公式，当发送一帧的时间等于信道传播时间的 2 倍时，信道利用率是 50%，或者说当发送一帧的时间等于来回路程的传播时间时，即 20ms×2 = 40ms，信道利用率是 50%。由题意可知，数据传输速率是 4000bit/s，即发送 1bit 需要 0.25ms，则帧长 =40ms ÷ 0.25ms = 160bit。

11. A【解析】本题考查后退 N 帧协议的相关机制。在后退 N 帧协议中，接收窗口大小被定为 1，从而保证了按序接收数据帧。如果接收窗口内的序号为 4，那么此时接收方需要接收到的帧即为 4 号帧，即便此时接收到正确的 5 号帧，接收端也会自动丢弃该帧从而保证按序接收数据帧。注意：后退 N 帧协议中接收端是没有缓存的，所以不存在将数据帧缓存下来的说法。

12. B【解析】本题考查滑动窗口协议。发送方维持一组连续的、允许发送的帧序号，即发送窗口每收到一个确认帧，就向前滑动一个帧的位置，当发送窗口内没有可以发送的帧（即窗口内的帧全部是已发送但未收到确认的帧），发送方就会停止发送，直到收到接收方发送的确认帧使窗口移动，窗口内有可以发送的帧，才开始继续发送。由题意可知，发送方收到 2 号帧的确认帧，即 0、1、2 号帧已经被正确接收，因此窗口向右移动 3 个帧（0、1、2），目前已经发送了 3 号帧，因此可以连续发送的帧数 = 窗口大小 − 已发送的帧数，即 4-1 = 3。

13. C【解析】本题考查 CSMA/CD 协议中的冲突时间。以太网端到端的往返时间称为争用期（也称为碰撞窗口）。为了确保站点在发送数据的同时能检测到可能存在的冲突，CSMA/CD 总线网中的所有数据帧都必须大于一个最小帧长。任何站点收到帧长小于最小帧长的帧，就把它视为无效帧立即丢弃。站点在发送帧后至多经过争用期就可以知道所发送的帧是否遭到了碰撞。因此，最小帧长的计算公式为最小帧长 = 数据传输速率 × 争用期。而最大帧碎片的长度不得超过最小帧长。冲突时间就是能够进行冲突检测的最长时间，它决定了最小帧的长度和最大帧碎片的长度，而最大帧的长度受限于数据链路层的最大传输单元（Maximum Transmission Unit，MTU）。

14. C【解析】本题考查二进制指数退避算法。以太网采用 CSMA/CD 协议，当网络上的流量越多、负载越大时，发生冲突的概率也会越大。当工作站发送的数据帧因冲突而传输失败时，会采用二进制指数退避算法后退一段时间再重发数据帧。二进制指数退避算法可以动态地适应发送站点的数量，后退延时的取值范围与重发次数 n 形成二进制指数关系。当网络负载小时，后退延时的取值范围也小；而当负载大时，后退延时的取值范围也随之增大。二进制指数退避算法的优点正是把后退延时的平均取值与负载的大小联系起来。所以，二进制指数退避算法考虑了网络负载对冲突的影响。

15. B【解析】本题考查不同 CSMA 协议的区别。1- 坚持 CSMA 和非坚持 CSMA 检测到信道空闲时，都立即发送数据帧，它们之间的区别是，当检测到媒体忙时，是持续监听媒体（1- 坚持 CSMA）还是等待一个随时的时延再监听（非坚持 CSMA）；P- 坚持 CSMA 是当检测到媒体空闲时，该站点以概率 P 的可能性发送数据，而有 $1-P$ 的概率会把发送数据帧的任务延迟到下一个时槽。

16. A【解析】本题考查交换机和集线器在网络性能方面的区别。利用专门设计的集成电路可使交换机以线路速率在所有的端口并行转发信息，即使用交换方式支持多对用户同时通信，从而提供了比集线器更好的网络性能。

17.【答案】（1）当主机甲和主机乙同时向对方发送数据时，信号在信道中发生冲突后，冲突信号继续向两个方向传播。这种情况下两台主机均检测到冲突需要的最短时间等于单程的传播时延 $t_0=2\text{km} \div 200000\text{km/s} = 0.01\text{ms}$。

主机甲（或主机乙）先发送一个数据帧，当该数据帧即将到达主机乙（或主机甲）时，主机乙（或主机甲）也开始发送一个数据帧，这时，主机乙（或主机甲）将立即检测到冲突，而主机甲（或主机乙）要检测到冲突，冲突信号还需要从主机乙（或主机甲）传播到主机甲（或主机乙），因此甲、乙两台主机均检测到冲突所需的最长时间等于双程的传播时延 $2t_0$，即为 0.02ms。

（2）主机甲发送一个数据帧的时间，即发送时延 $t_1=1518 \times 8\text{bit} \div 10\text{Mbit/s} = 1.2144\text{ms}$；主机乙每成功收到一个数据帧后，均向主机甲发送确认帧，确认帧的发送时延 $t_2=64 \times 8\text{bit} \div 10\text{Mbit/s} = 0.0512\text{ms}$；主机甲收到确认帧后，即发送下一个数据帧，故主机甲的发送周期 $T =$ 数据帧的发送时延 t_1+ 确认帧的发送时延 t_2+ 双程的传播时延 $= t_1+t_2+2 \times t_0 = 1.2856\text{ms}$；主机甲总是以标准的最长以太网数据帧 1518B 发送数据，即数据部分为 1500B，因此主机甲的有效数据传输速率 $= 1500 \times 8\text{bit}/T = 12000\text{bit} \div 1.2856\text{ms} \approx 9.33\text{Mbit/s}$（以太网有效数据 1500B，即以太网帧的数据部分）。

第四章 网络层

【考情分析】

本章的考查重点有 IP 地址的计算、子网划分、路由聚合、路由算法、路由协议、NAT、CIDR 等内容。需要注意的是，NAT 几乎每年都会出现在综合应用题中，考生需重点掌握。在历年计算机考研中，涉及本章内容的题型、题量、分值及高频考点如下表所示。

题型	题量	分值	高频考点
选择题	1～3题	3～6分	NAT 子网划分和路由聚合 路由算法和路由协议
综合应用题	1题	5～8分	NAT

【知识地图】

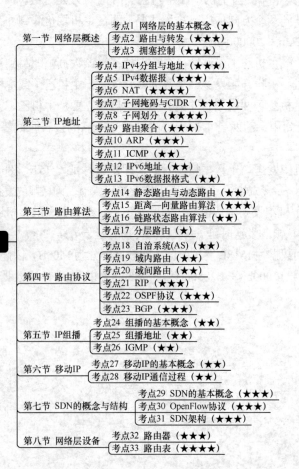

第一节　网络层概述

考点1　网络层的基本概念（★）

重要程度	★
历年回顾	全国统考：无涉及 院校自主命题：无涉及

【例·选择题】网络层向上提供的两种服务是（　　）。【模拟题】

A. 数据报服务、虚电路服务

B. 数据报服务、电路服务

C. 可靠服务、数据报服务

D. 电路服务、不可靠服务

【答案】A

【解析】本题考查网络层的基本概念。网络层向上，即向传输层提供面向连接的虚电路服务和无连接的数据报服务。

考点2　路由与转发（★★★）

重要程度	★★★
历年回顾	全国统考：无涉及 院校自主命题：有涉及

【例1·选择题】对路由选择协议的一个要求是必须能够快速收敛，所谓"路由收敛"是指（　　）。【模拟题】

A. 路由器能把分组发送到预定的目标

B. 路由器处理分组的速度足够快

C. 网络设备的路由表与网络拓扑结构保持一致

D. 能把多个子网汇聚成一个超网

【答案】C

【解析】本题考查路由选择协议中的路由收敛。路由收敛指网络的拓扑结构发生变化后，路由表重新建立到发送再到学习直至稳定，并通告网络中所有相关路由器都得知该变化的过程。最终网络设备的路由表与网络拓扑结构保持一致。

【例2·选择题】当一台主机从一个网络移到另一个网络时，以下说法正确的是（　　）。【2017年沈阳农业大学】

A. 必须改变它的IP地址和MAC地址

B. 必须改变它的IP地址，但不需要改动MAC地址

C. 必须改变它的 MAC 地址，但不需要改动 IP 地址
D. MAC 地址、IP 地址都不需要改动

【答案】B

【解析】本题考查路由转发算法概念。当一台主机从一个网络移到另一个网络时，网络地址发生了改变，所以 IP 地址需要修改；而 MAC 地址是固化在网卡中的，具有唯一性，不需要修改。所以，选项 B 为正确答案。

考点 3　拥塞控制（★★★）

重要程度	★★★
历年回顾	全国统考：无涉及 院校自主命题：无涉及

【例·选择题】网络拥塞的原因有（　　）。【模拟题】

Ⅰ. 缓冲区容量有限
Ⅱ. 传输线路的带宽有限
Ⅲ. 网络节点的处理能力有限
Ⅳ. 网络中某些部分发生了故障

【答案】D

A. Ⅰ、Ⅱ、Ⅲ　　　　　　　　　　B. 仅Ⅳ
C. Ⅱ、Ⅲ、Ⅳ　　　　　　　　　　D. 全部都是

【解析】本题考查网络拥塞的原因。上述 4 条全部都是网络拥塞的原因。

第二节　IP 地址

考点 4　IPv4 分组与地址（★★★）

重要程度	★★★
历年回顾	全国统考：2012 年、2017 年选择题 院校自主命题：有涉及

【例1·选择题】某主机的 IP 地址为 180.80.77.55，子网掩码为 255.255.252.0。若该主机向其所在子网发送广播分组，则目的地址可以是（　　）。【2012 年全国统考】

A. 180.80.76.0　　　　　　　　　B. 180.80.76.255
C. 180.80.77.255　　　　　　　　D. 180.80.79.255

【答案】D

【解析】本题考查 IP 地址的计算。首先，可以判断主机的 IP 地址为 B 类地址（IP 地址的第一字节为 180）；其次，从子网掩码 255.255.252.0 可以判断该网络从主机号拿出 6 位作为子网号（252 对应的二进制数为 11111100）；最后，可知主机号为 10 位（B 类地址，两级划分时，后 16 位为主机号，借去 6 位作为子网号后还剩 10 位）。将题目中给出的 IP 地址 180.80.77.55 的第三

个字节和第四个字节转换为二进制数分别为 01001101 和 00110111，将主机号（后 10 位）全置为 1，前面为网络号不变，可得第三个字节和第四个字节的二进制数分别为 01001111 和 11111111，转换成十进制数为 79 和 255。故该网络的目的地址为 180.80.79.255。所以选项 D 为正确答案。

【例 2·选择题】下列 IP 地址中，只能作为 IP 分组的源 IP 地址，但不能作为目的 IP 地址的是（　　）。【2017 年全国统考】

A. 0.0.0.0　　　　　　　　　　　B. 127.0.0.1
C. 200.10.10.3　　　　　　　　　D. 255.255.255.255

【答案】A

【解析】本题考查 IP 地址的类型。根据 RFC（Request for Comments，请求评论）文档的描述，0.0.0.0/32 可以作为本主机在本网络上的源地址。127.0.0.1 是回送地址，以它为目的 IP 地址的数据将被立即返回到本机。200.10.10.3 是 C 类 IP 地址。255.255.255.255 是广播地址。

【例 3·选择题】IP 地址 202.117.17.254/22 是（　　）。【2017 年沈阳工业大学】

A. 网络地址　　　　　　　　　　B. 主机地址
C. 组播地址　　　　　　　　　　D. 广播地址

【答案】B

【解析】本题考查 IP 地址的分类。将题目中 IP 地址的后两个字节用二进制数表示，结果为 202.117.00010001.11111110/22，可知这是一个主机地址，网络号为 202.117.00010000.00000000，即 202.117.16.0。所以选项 B 是正确答案。

【例 4·选择题】某主机的 IP 地址为 157.109.123.215，子网掩码为 255.255.240.0，向这台主机所在子网发送广播数据包时，IP 数据包中的目的地址为（　　）。【2018 年北京邮电大学】

A. 157.109.127.255　　　　　　　B. 157.109.255.255
C. 157.109.102.0　　　　　　　　D. 157.109.0.0

【答案】A

【解析】本题考查 IP 地址的计算。题目中子网掩码前两个字节的二进制数为全 1，第三个字节的二进制数为 11110000，可知前 20 位为子网号，后 12 位为主机号。IP 地址的第三个字节为 123，转换为二进制数为 01111011，将后 12 位主机号全置为 1，可以得到目的地址为 157.109.127.255。所以选项 A 为正确答案。

考点 5　IPv4 数据报（★★★）

重要程度	★★★
历年回顾	全国统考：2021 年选择题 院校自主命题：有涉及

【例 1·选择题】若路由器向 MTU = 800B 的链路转发一个总长度为 1580B 的 IP 数据

报(首部长度为 20B)时,进行了分片,且每个分片尽可能大,则第 2 个分片的总长度字段和 MF 标志位的值分别是(　　)。【2021 年全国统考】

A. 796、0 B. 796、1
C. 800、0 D. 800、1

【答案】B

【解析】本题考查 IP 数据报分片规则。IP 数据报的总长度为 1580B,MTU = 800B,至少需要分两片,每片包含 20B 的首部,所以如果分两片,每片的首部刚好为 20B,最大容纳数据字段 =800B 20B=780B,但是 IP 数据报的数据字段要求是 8B 的整数倍,780 不是 8 的倍数,小于 780 且是 8 的整数倍的最大数是 776。因此,总长度为 1580B 的 IP 数据报可以分成 3 片:第 1 片的长度是 796B,MF=1,表示不是最后一个分片,后面还有分片;第 2 片的长度是 796B,MF=1,表示不是最后一个分片,后面还有分片;第 3 片的长度是 28B,MF=0,表示是最后一个分片。

【例 2·选择题】关于 IP 头部的校验和,下列说法正确的是(　　)。【2018 年山东大学】

A. IP 数据报校验和的计算范围是整个 IP 数据报

B. 计算一份数据报的 IP 校验和,首先把校验和字段置为 0,然后对首部中每个 16 比特进行反码求和存入校验和字段

C. 如果 IP 发现校验和错误,那么 IP 就丢弃收到的数据报并发送差错报文

D. IP 数据报校验和的计算需要加入一个伪首部

【答案】B

【解析】本题考查 IP 首部(头部)校验和的基本概念。IP 数据报的格式如下图所示。

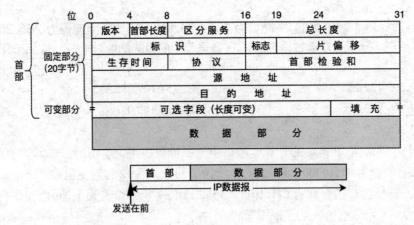

IP 首部校验和只校验 IP 数据报的首部,不包括数据部分。数据报每经过一个路由器,路由器都要重新计算首部校验和。不检验数据部分可以减少计算量。故选项 A 的说法错误。

计算数据报的 IP 首部校验和,先把 IP 数据报的首部划分为多个 16 位的子序列,并把校验和字段置为 0。用反码运算把所有 16 位子序列相加后,将得到的和的反码写入校验和字段。接收方收到数据后,将首部的所有 16 位子序列再使用反码算术相加一次,将得到的和取反码。如果首部未发生任何变化,那么这个和肯定为 0;否则认为出差错,并将此数据报丢弃。故选项 B 的说法正确。

IP 并不要求源主机重传有差错的 IP 数据报。一方面，保证无差错传输是由 TCP 完成的。另一方面，首部校验和只能检验出 IP 数据报的首部出现了差错，但不知道首部中的源地址字段有没有出错。如果源地址出现了差错，那么将这种 IP 数据报传输到错误的地址也是没有任何意义的。故选项 C 的说法错误。

UDP 采用伪首部计算校验和，伪首部的作用是让数据包接收者确定发送和接收的 UDP 数据包是来自正确的源且是发送给自己的。但是收到的 UDP 数据包只有源和目的的 UDP 端口号，并没有 IP 地址信息，所以要重新构造一个伪首部，加上源 IP 和目的 IP（从 IP 包中拿来），再计算校验和以确定数据包的正确性。故选项 D 的说法错误。

考点 6　NAT（★★★★）

重要程度	★★★★
历年回顾	全国统考：2020 年综合应用题 院校自主命题：有涉及

【例 1·选择题】NAT 技术主要解决（　　）。【2017 年重庆大学】
A．网络数据过滤　　B．网络数据加密　　C．网络地址转换　　D．网络域名解析
【答案】C
【解析】本题考查 NAT 的功能。NAT（Network Address Translation，网络地址转换）的功能是完成从专用地址（私有地址）到公用地址的转换。网络数据过滤通常通过软件实现。常见的数据加密协议是 SSL（Secure Socket Layer，安全套接层）协议。网络域名解析是由 DNS 系统完成的。

【例 2·综合应用题】某校园网有两个局域网，通过路由器 R1、R2 和 R3 互联后接 Internet，S1 和 S2 为以太网交换机，局域网采用静态 IP 地址配置，路由器部分端口以及各主机 IP 地址如下图所示。【2020 年全国统考】

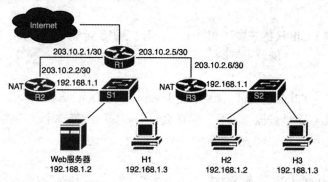

假设 NAT 转换表结构如下。

外网		内网	
IP 地址	端口号	IP 地址	端口号

为使 H2 和 H3 能够访问 Web 服务器（使用默认端口号），需要进行什么配置？给出具体配置。

【答案】

外网		内网	
IP 地址	端口号	IP 地址	端口号
203.10.2.2	80	192.168.1.2	80

【解析】本题考查 NAT 的实际应用。两个局域网使用了相同的网段，且路由器开启了 NAT 功能，需要配置 NAT 转换表。路由器 R2 开启 NAT 服务，当路由器 R2 从 WAN 口收到 H2 或 H3 发来的数据时，根据 NAT 转换表发送给 Web 服务器的对应端口。外网 IP 地址应该为路由器的外端 IP 地址，内网 IP 地址应该为 Web 服务器的地址。Web 服务器的默认端口为 80，因此内网端口号固定为 80，当其他网络的主机访问 Web 服务器时，默认访问的端口应该也是 80，但是访问的目的 IP 地址是路由器的 IP 地址，因此 NAT 转换表中的外部端口最好也统一为 80。

考点 7　子网掩码与 CIDR（★★★★）

重要程度	★★★★
历年回顾	全国统考：2022 年选择题 院校自主命题：有涉及

【例 1·选择题】若某主机的 IP 地址是 183.80.72.48，子网掩码为 255.255.192.0，则该主机所在网络的网络地址是（　　）。【2022 年全国统考】

A. 183.80.0.0　　B. 183.80.64.0　　C. 183.80.72.0　　D. 183.80.192.0

【答案】B

【解析】本题考查主机 IP 地址、子网掩码、网络地址的关系。主机所在网络的网络地址等于主机二进制的 IP 地址与子网掩码按位与的结果。因此，结果为 183.80.64.0。

【例 2·选择题】CIDR 的主要功能是（　　）。【2015 年重庆大学】

A. 划分子网　　B. 构造超网　　C. 内部网关路由　　D. 外部网关路由

【答案】B

【解析】本题考查 CIDR 的功能。CIDR（Classless Inter-Domain Routing，无类别域间路由），摒弃传统的 A、B、C 类地址概念，是一种在变长子网掩码的基础上使用软件实现超网构造的 IP 地址划分方法。所以选项 B 为正确答案。

考点 8　子网划分（★★★★）

重要程度	★★★★
历年回顾	全国统考：2011 年、2017 年、2019 年、2021 年选择题 院校自主命题：有涉及

【例1·选择题】在子网192.168.4.0/30中，能接收目的地址为192.168.4.3的IP分组的最大主机数是（　　）。【2011年全国统考】

A. 0   B. 1   C. 2   D. 4

【答案】C

【解析】本题考查子网划分方法。首先分析题中给出的网络192.168.4.0/30，子网号占30位，主机号只占2位，地址范围为192.168.4.0～192.168.4.3，主机号为全1时，即192.168.4.3为广播地址，也就是题目中所说的目的地址。除去主机号为全0和全1的情况，网络中一共有两台主机（192.168.4.1和192.168.4.2）可接收到该广播地址。所以选项C为正确答案。

【例2·选择题】若将网络21.3.0.0/16划分为128个规模相同的子网，则每个子网可分配的最大IP地址个数是（　　）。【2017年全国统考】

A. 254   B. 256   C. 510   D. 512

【答案】C

【解析】本题考查子网划分的方法。由题意可知，网络21.3.0.0/16分别有16位网络号和16位主机号，将该网络划分为128个规模相同的子网，则每个子网有7位的子网号、9位的主机号。除去一个全0的网络地址和全1的广播地址，可分配的最大IP地址个数是510（$2^9-2=510$），所以选项C为正确答案。

【例3·选择题】IPv4地址标记192.218.36.0/24所定义的子网包含可用的IP单机地址数为（　　）。【2018年南京大学】

A. 24   B. 254   C. 255   D. 256

【答案】B

【解析】本题考查子网中可用IP数的计算。题目中IPv4地址192.218.36.0/24是CIDR记法，即在IP地址后面加上斜线"/"，然后写上网络前缀所占的位数。由于网络前缀共占24位，所以主机号占8位，除去全0和全1的特殊情况，子网中可用的IP单机地址数是254（$2^8-2=254$）。所以选项B是正确答案。

【例4·选择题】若将101.200.16.0/20划分为5个子网，则可能的最小子网的可分配IP地址数是（　　）。【2019年全国统考】

A. 126   B. 254   C. 510   D. 1022

【答案】B

【解析】本题考查变长子网划分的方法。由于题目要求计算的是可能的最小子网的可分配IP地址数，则需要保证其他子网的可分配IP地址数尽可能大，因此不能使用平均划分的方法，而要采用变长子网划分的方法。对于变长子网划分，子网掩码向后移动1位，子网是原来网络的1/2，要满足题意，需要对子网进行二次划分（类似二分法），则子网掩码需要向后移动4位，这也是可能的最小子网，此时子网号占24（20+4=24）位，主机号占8位，因此可能的最小子网的可分配IP地址数是254（$2^8-2=254$，减2是不考虑主机号为全0和全1的情况）。所以，选项B是正确答案。注意，题中是变长子网划分，若按定长子网划分的方法很容易误选选项C。

【例5·选择题】现将一个IP网络划分为3个子网，若其中一个子网是192.168.9.128/26，则下列网络中，不可能是另外两个子网之一的是（ ）。【2021年全国统考】

　　A. 192.168.9.0/25　　　　　　　　B. 192.168.9.0/26
　　C. 192.168.9.192/26　　　　　　　D. 192.168.9.192/27

【答案】B

【解析】本题考查子网划分的方法。根据题意，将IP网络划分为3个子网。其中一个是192.168.9.128/26，可以简写成x.x.x.10/26（10是128的二进制形式10000000的前两位，因为26-24=2，所以保留2位即可）。

　　对于选项A，192.168.9.0/25可以简写成x.x.x.0/25。
　　对于选项B，192.168.9.0/26可以简写成x.x.x.00/26。
　　对于选项C，192.168.9.192/26可以简写成x.x.x.11/26。
　　对于选项D，192.168.9.192/27可以简写成x.x.x.110/27。

其中选项A和选项C可以组成x.x.x.0/25、x.x.x.10/26、x.x.x.11/26这样3个互不重叠的子网，选项D可以组成x.x.x.10/26、x.x.x.110/27、x.x.x.111/27这样3个互不重叠的子网。但是选项B，要想将一个IP网络划分为几个互不重叠的子网，3个是不够的，至少需要划分为4个子网：x.x.x.00/26、x.x.x.01/26、x.x.x.10/26、x.x.x.11/26。

考点9　路由聚合（★★★）

重要程度	★★★
历年回顾	全国统考：2018年选择题 院校自主命题：有涉及

【例1·选择题】设有下面4条路由：190.170.129.0/24、190.170.130.0/24、192.170.132.0/24和190.170.133.0/24。如果进行路由汇聚，能覆盖这4条路由的地址是（ ）。【2015年桂林电子科技大学】

　　A. 190.170.128.0/21　　　　　　　B. 190.170.128.0/22
　　C. 190.170.130.0/22　　　　　　　D. 190.170.132.0/23

【答案】A

【解析】本题考查路由聚合的方法。将题目中给出的4条路由中IP地址的第三个字节用二进制表示（因为前两个字节相同），分别为10000001、10000010、10000100、10000101，可以发现它们的前5位相同，加上省略的前2个字节的16位，共同的前缀有21位，故选项A为正确答案。

【例2·选择题】某路由表中有转发接口相同的4条路由表项，其目的网络地址分别为35.230.32.0/21、35.230.40.0/21、35.230.48.0/21和35.230.56.0/21，将该4条路由聚合后的目的网络地址为（ ）。【2018年全国统考】

　　A. 35.230.0.0/19　　B. 35.230.0.0/20　　C. 35.230.32.0/19　　D. 35.230.32.0/20

【答案】C

【解析】本题考查路由聚合的方法。对于此类已知地址块求最大可能地址聚合的问题，首先要观察这些地址块中相同的字节，然后将不同的字节转换为二进制后找共同前缀。本题中，4个地址块中的第一个字节和第二个字节相同，因此考虑它们的第三个字节，其二进制转换如下。

32 = (00100000)$_2$
40 = (00101000)$_2$
48 = (00110000)$_2$
56 = (00111000)$_2$

所以第三个字节最多有3位（001）相同（从前向后），这3位是能聚合的最大位数。将这3位加上原网络前缀中相同的16位（共19位）保留，其余的都置为0，可得聚合后的IP地址为35.230.32.0/19。所以选项C为正确答案。

考点10　ARP（★★★）

重要程度	★★★
历年回顾	全国统考：2012年选择题 院校自主命题：有涉及

【例1·选择题】ARP的功能是（　　）。【2012年全国统考】
A. 根据IP地址查询MAC地址　　　B. 根据MAC地址查询IP地址
C. 根据域名查询IP地址　　　　　D. 根据IP地址查询域名
【答案】A
【解析】本题考查ARP（Address Resolution Protocol，地址解析协议）的功能。ARP用于解决同一局域网中的主机或路由器的IP地址和MAC地址（硬件地址）的映射问题，将网络层的IP地址解析为MAC地址。所以选项A为正确答案。

【例2·选择题】ARP解决的是（　　）局域网上的主机或路由器的（　　）的映射问题。【2018年北京工业大学】
A. 同一个，IP地址和MAC地址　　B. 相邻，主机号和IP地址
C. 同一个，主机号和IP地址　　　D. 相邻，IP地址和MAC地址
【答案】A
【解析】本题考查ARP的功能。ARP用于解决同一局域网中的主机或路由器的IP地址和MAC地址（硬件地址）的映射问题，方法是在主机ARP高速缓存中存放一个从IP地址到MAC地址的映射表，并且这个映射表经常动态更新（新增或超时删除）。每一台主机都设有一个ARP高速缓存，里面有本局域网中各主机和路由器的IP地址到MAC地址的映射表，这些记录表表示该主机目前知道的一些地址。也就是说，ARP实现了IP地址到MAC地址的映射。所以选项A为正确答案。

【例3·选择题】ARP的作用是由IP地址求MAC地址，ARP请求是广播发送，ARP

响应是（　　）发送。【2013 年西北工业大学】

A. 单播 B. 组播
C. 广播 D. 点播

【答案】A

【解析】本题考查 ARP 请求和响应的特点。ARP 请求分组是广播发送，但 ARP 响应分组是普通的单播，即从一个源地址发送到一个目的地址。所以选项 A 为正确答案。

考点 11　ICMP（★★）

重要程度	★★
历年回顾	全国统考：2012 年选择题 院校自主命题：有涉及

【例 1·选择题】在 TCP/IP 模型中，直接为 ICMP 提供服务的协议是（　　）。【2012 年全国统考】

A. PPP B. IP
C. UDP D. TCP

【答案】B

【解析】本题考查 ICMP（Internet Control Message Protocol，互联网控制报文协议）的基本知识。ICMP 是网络层协议，ICMP 报文作为 IP 层数据报的数据，加上数据报的首部，组成 IP 数据报发送出去。也就是说，ICMP 报文作为数据字段封装在 IP 分组中被发送。因此，IP 直接为 ICMP 提供服务。PPP 是数据链路层的点对点协议，为网络层提供服务。UDP 和 TCP 是传输层协议，为应用层提供服务。所以选项 B 为正确答案。

【例 2·选择题】在应用层有一个常用软件，它可以用来测试两台主机之间的连通性，此软件的名称为（　　）。【2018 年重庆邮电大学】

A. routing B. ping
C. ARP D. RARP

【答案】B

【解析】本题考查使用 ICMP 的软件区分。routing 的作用是启用 IP 路由功能。ping 软件使用 ICMP 测试两台主机之间的连通性。ARP 的作用是把 IP 地址解析为 MAC 地址。RARP 的作用是把某台主机的物理地址解析为 IP 地址。

考点 12　IPv6 地址（★★）

重要程度	★★
历年回顾	全国统考：无涉及 院校自主命题：有涉及

【例·选择题】IPv6 地址体系中的接口标识符有（　　），对每个站点来说，该接口标识符

(　　)。【2018 年北京工业大学】

A. 128 比特，仅在子网内部是唯一的
B. 32 比特，是全球唯一的
C. 64 比特，是全球唯一的
D. 16 比特，仅在子网内部是唯一的

【答案】C

【解析】本题考查 IPv6 的特点。在 IPv6 地址体系结构中，每个 IPv6 单播地址都需要一个接口标识符。IPv6 主机地址的接口标识符基于 IEEE EUI-64 格式，该格式基于已存在的 MAC 地址来创建 64 位接口标识符，这样的标识符在本地和全球范围是唯一的。所以选项 C 为正确答案。

考点 13　IPv6 数据报格式（★★）

重要程度	★★
历年回顾	全国统考：无涉及 院校自主命题：无涉及

【例·选择题】与 IPv4 相比，IPv6（　　）。【模拟题】

A. 采用 64 位 IP 地址
B. 增加了首部字段数目
C. 不提供 QoS 保障
D. 没有提供校验和字段

【答案】D

【解析】本题考查 IPv6 数据报的格式和特点。IPv6 数据报的格式如下图所示。

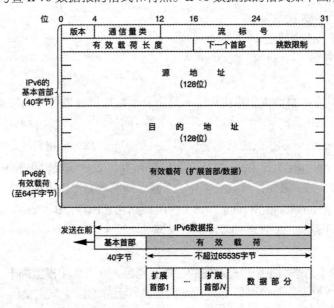

与 IPv4 相比，IPv6 具有如下优点。

（1）具有更大的地址空间。IPv4 中规定 IP 地址长度为 32，即有 $2^{32}-1$ 个地址；而 IPv6 中，IP 地址的长度为 128，即有 $2^{128}-1$ 个地址。选项 A 错误。

（2）具有更小的路由表。IPv6 的地址分配一开始就遵循聚类的原则，这使得路由器能在路

由表中用一条记录表示一片子网，大大减小了路由器中路由表的长度，提高了路由器转发数据包的速度。选项 B 错误。

（3）具有增强的组播支持以及流控制（Flow Control）。这使得网络上的多媒体应用有了长足发展的机会，为服务质量（Quality of Service，QoS）控制提供了良好的网络平台。选项 C 错误。

（4）加入了对自动配置的支持。这是对 DHCP 的改进和扩展，使得网络（尤其是局域网）的管理更加方便和快捷。

（5）具有更高的安全性。在使用 IPv6 的网络中，用户可以对网络层的数据进行加密并对 IP 报文进行校验，这极大地增强了网络安全。

第三节　路由算法

考点 14　静态路由与动态路由（★★）

重要程度	★★
历年回顾	全国统考：无涉及 院校自主命题：无涉及

【例 1·选择题】下面对路由算法的描述不正确的是（　　）。【模拟题】
 A. 路由算法可分为静态路由算法和动态路由算法
 B. BGP 是边界网关协议
 C. RIP 属于动态路由算法
 D. OSPF 属于距离—向量路由算法

【答案】D

【解析】本题考查路由协议和路由算法。路由算法依据健壮性可分为静态路由算法和动态路由算法两大类。其中动态路由的典型算法有距离—向量路由算法和链路状态路由算法。RIP（Routing Information Protocol，路由信息协议）是一个基于距离—向量路由算法的内部网关协议（Interior Gateway Protocol，IGP），用跳数作为度量标准，适合规模较小的网络。OSPF（Open Shortest Path First，开放式最短路径优先）是一个基于链路状态路由算法的内部网关协议，用于在单一自治系统（Autonomous System，AS）内决策路由。BGP（Border Gateway Protocol，边界网关协议）是基于路径—向量路由算法的外部网关协议（Exterior Gateway Protocol，EGP）。

【例 2·选择题】动态路由和静态路由的主要区别是（　　）。【模拟题】
 A. 动态路由需要维护整个网络的拓扑结构信息，而静态路由只需要维护有限的拓扑结构信息
 B. 动态路由需要使用路由选择协议去发现和维护路由信息，而静态路由只需要手动配置路由信息
 C. 动态路由的可扩展性要大大优于静态路由，因为在网络拓扑结构发生了变化时，路由

选择不需要手动配置去通知路由器

D. 动态路由使用路由表,而静态路由不使用路由表

【答案】B

【解析】本题考查路由算法。静态路由算法只考虑了网络的静态状况,且主要考虑的是静态拓扑结构,只根据事先确定的规则进行路由选择,虽实现起来简单,但性能差、效率低。而动态路由算法既考虑实时的网络拓扑结构,又考虑网络上的通信负载状况,它使用路由选择协议发现和维护路由信息。

考点15　距离—向量路由算法(★★★)

重要程度	★★★
历年回顾	全国统考:2021年选择题 院校自主命题:无涉及

【例·选择题】某网络中的所有路由器均采用距离—向量路由算法计算路由。若路由器 E 与邻居路由器 A、B、C 和 D 之间的直接链路距离分别是 8、10、12 和 6,且 E 收到邻居路由器的距离向量如下表所示,则路由器 E 更新后的到达目的网络 Net1 ~ Net4 的距离分别是(　　)。【2021 年全国统考】

目的网络	A 的距离向量	B 的距离向量	C 的距离向量	D 的距离向量
Net1	1	23	20	22
Net2	12	35	30	28
Net3	24	18	16	36
Net4	36	30	8	24

A. 9、10、12、6
B. 9、10、28、20
C. 9、20、12、20
D. 9、20、28、20

【答案】D

【解析】本题考查距离—向量路由算法。E 到 Net1 的距离为 Min{E->A->Net1, E->B->Net1, E->C->Net1, E->D->Net1} = {8+1, 10+23, 12+20, 6+22} = 9;同理,E 到 Net2 的距离为 Min{E->A->Net2, E->B->Net2, E->C->Net2, E->D->Net2} = 20;E 到 Net3 的距离为 Min{E->A->Net3, E->B->Net3, E->C->Net3, E->D->Net3} = 28;E 到 Net4 的距离为 Min{E->A->Net4, E->B->Net4, E->C->Net4, E->D->Net4} = 20。

考点16　链路状态路由算法(★★)

重要程度	★★
历年回顾	全国统考:无涉及 院校自主命题:有涉及

【例1·选择题】关于链路状态协议的描述，（　　）是错误的。【2007年中国传媒大学】
   A. 仅相邻路由器需要交换各自的路由表
   B. 全网路由器的拓扑数据库是一致的
   C. 用洪泛法更新链路变化信息
   D. 具有快速收敛的优点

【答案】A

【解析】本题考查链路状态协议的特点。在链路状态协议中，每个路由器都会在自己的链路状态发生变化时，将链路状态信息用洪泛法传输给网络中所有其他的路由器。发送的链路状态信息包括该路由器的相邻路由器以及所有相邻链路的状态，所以选项A错误。链路状态协议具有快速收敛的优点，它能够在网络拓扑发生变化时，立即进行路由的重新计算，并及时向其他路由器发送最新的链路状态信息，使得各路由器的链路状态表能够尽量保持一致，所以选项B、C、D正确。

【例2·选择题】（　　）属于内部网关协议，使用链路状态路由算法。【2018年昆明理工大学】
   A. RIP   B. OSPF
   C. BGP   D. IGP

【答案】B

【解析】本题考查内部网关协议。RIP、OSPF都属于内部网关协议（IGP），其中RIP使用距离—向量路由算法，OSPF使用链路状态路由算法。

考点17　分层路由（★）

重要程度	★
历年回顾	全国统考：无涉及 院校自主命题：无涉及

【例·选择题】下列关于分层路由的描述中，（　　）是错误的。【模拟题】
   A. 采用了分层路由之后，路由器被划分成区域
   B. 每个路由器不仅知道如何将分组路由到自己区域的目的地址，也知道如何路由到其他区域
   C. 采用了分层路由后，可以将不同的网络连接起来
   D. 对于大型网络，可能需要多级的分层路由来管理

【答案】B

【解析】本题考查分层路由算法。采用了分层路由之后，路由器被划分为区域，每个路由器都知道如何将分组路由到自己所在区域的目的地址，但对于其他区域内的结构毫不知情。当不同的网络被相互连接起来时，可以将每个网络当作一个独立的区域，这样做的好处是一个网络中的路由器不必知道其他网络的拓扑结构。

第四节　路由协议

考点 18　自治系统（AS）（★★）

重要程度	★★
历年回顾	全国统考：无涉及 院校自主命题：无涉及

【例·选择题】以下关于自治系统的描述中，不正确的是（　　）。【模拟题】

A. 自治系统划分区域的好处是将利用洪泛法交换链路状态信息的范围局限在每一个区域内，而不是整个自治系统

B. 采用分层次划分区域的方法使交换信息的种类增多了，同时也使 OSPF 协议更加简单了

C. OSPF 协议将一个自治系统再划分为若干个更小的范围，这些范围被称为区域

D. 在一个区域内部的路由器只知道本区域网络拓扑的情况，而不知道其他区域网络拓扑的情况

【答案】B

【解析】本题主要考查考生对自治系统中区域划分的理解。划分区域的好处是将利用洪泛法交换链路状态信息的范围局限在每一个区域内，而不是整个自治系统。所以，在一个区域内部的路由器只知道本区域网络拓扑的情况，而不知道其他区域网络拓扑的情况。采用分层次划分区域的方法虽然使交换信息的种类增多了，同时也使 OSPF 协议更加复杂了，但这样做却能使每一个区域内部交换路由信息的通信量大大减少，因而使 OSPF 协议能够用于规模很大的自治系统中。

考点 19　域内路由（★★）

重要程度	★★
历年回顾	全国统考：无涉及 院校自主命题：无涉及

【例·选择题】下列（　　）不是内部网关协议。【模拟题】

A. RARP　　　　　　　　　　　　B. HTTP

C. OSPF 协议　　　　　　　　　　D. BGP

【答案】D

【解析】本题考查路由选择协议的分类。路由选择协议被划分为两大类：内部网关协议（也称域内路由选择协议）和外部网关协议（也称域间路由选择协议）。内部网关协议有 RIP 和 OSPF 协议等，外部网关协议有 BGP。所以选项 D 正确。选项 A 中的 RARP 是反向地址解析协议，属于网络层协议。选项 B 中的 HTTP 是超文本传输协议，属于应用层协议。

考点 20 域间路由（★★）

重要程度	★★
历年回顾	全国统考：无涉及 院校自主命题：无涉及

【例·选择题】下列（　　）是外部网关协议。【模拟题】
A. RARP
B. HTTP
C. OSPF 协议
D. BGP

【答案】D

【解析】本题考查路由选择协议的分类。RARP 是反向地址解析协议，属于网络层协议。HTTP 是超文本传输协议，属于应用层协议。OSPF 协议是开放最短路径优先协议，属于网络层协议，是路由选择协议中的内部网关协议。BGP 是边界网关协议，属于网络层协议，是路由选择协议中的外部网关协议。所以选项 D 正确。

考点 21 RIP（★★★）

重要程度	★★★
历年回顾	全国统考：无涉及 院校自主命题：有涉及

【例·选择题】内部网关协议（RIP）是一种广泛使用的基于（　　）的协议。【2019 年重庆邮电大学】
A. 路由重定向
B. 目的不可达
C. 源点抑制
D. 超时

【答案】D

【解析】本题考查 RIP。RIP 的特点之一是按固定的时间间隔（通常是每隔 30 秒）交换路由信息，然后路由器根据收到的路由信息更新路由表。当网络拓扑发生变化时，路由器也及时向相邻路由器通告拓扑变化后的路由信息。RIP 采用超时机制对过时的路由进行超时处理，以保证路由的实时性和有效性，故选项 D 为正确答案。

考点 22 OSPF 协议（★★★）

重要程度	★★★
历年回顾	全国统考：无涉及 院校自主命题：有涉及

【例·选择题】关于 OSPF 和 RIP，下列说法正确的是（　　）。【2018 年杭州电子科技大学】
A. OSPF 适合在小型的、静态的互联网上使用，而 RIP 适合在大型的、动态的互联网上使用

B. OSPF 适合在大型的、动态的互联网上使用，而 RIP 适合在小型的、静态的互联网上使用
C. OSPF 和 RIP 都适合在规模庞大的、动态的互联网上使用
D. OSPF 和 RIP 都比较适合在小型的、静态的互联网上使用

【答案】B

【解析】本题考查 OSPF 协议和 RIP 的区别。OSPF 协议与 RIP 的本质区别：RIP 是基于距离—向量路由算法的路由协议，而 OSPF 协议是基于链路状态路由算法的路由协议。使用距离—向量路由算法的路由器之间传递的信息是实实在在的路由信息，而使用链路状态路由算法的路由器之间传递的信息是网络上各个交换机自己周边的网络拓扑（OSPF 协议域间传递的是实实在在的路由信息）。由于 RIP 的收敛速度慢，所以它不适合大规模的网络，因此 RIP 路由的最大跳数是 15，如果一条路由的跳数达到了 16，那么认为该路由是无效的。而 OSPF 协议由于收敛速度快，所以适合大规模的网络，最多可支持几百台路由器。

考点 23　BGP（★★★）

重要程度	★★★
历年回顾	全国统考：无涉及 院校自主命题：有涉及

【例 1·选择题】BGP 是在（　　）之间传播路由的协议。【2017 年沈阳工业大学】
A. 主机　　　　　B. 子网　　　　　C. 区域　　　　　D. 自治系统

【答案】D

【解析】本题考查 BGP。BGP 是在不同自治系统之间交换路由信息的协议。BGP 基于距离—向量路由算法，是一种外部网关协议。所以选项 D 为正确答案。

【例 2·选择题】BGP 网关之间交换路由信息时直接采用的协议是（　　）。【2016 年南京大学】
A. TCP　　　　　B. UDP　　　　　C. IP　　　　　D. ICMP

【答案】A

【解析】本题考查 BGP。BGP（边界网关协议）是在不同自治系统之间交换路由信息的协议。BGP 是一个外部网关协议，由于网络环境复杂，所以采用 TCP 保证可靠传输。故选项 A 为正确答案。

第五节　IP 组播

考点 24　组播的基本概念（★★）

重要程度	★★
历年回顾	全国统考：无涉及 院校自主命题：无涉及

【例1·选择题】下列关于多播、组播和广播的说法正确的是（　　）。【模拟题】

A．广播报文可以跨越路由器

B．组播是多个发送者对单个接收者采用的通信方式

C．多播是一种将报文发往多个接收者的通信方式

D．对目前许多使用广播的应用来说，不可采用多播来代替广播

【答案】C

【解析】本题考查多播、组播和广播的概念。路由器可以隔离广播域，所以广播报文只能在本网络中进行广播，选项 A 错误。组播可以实现将单个报文分组发送给某个组中所有的主机，选项 B 错误。多播是一种将报文发往多个接收者的通信方式，可以代替广播，选项 C 正确，选项 D 错误。

【例2·选择题】采用了隧道技术后，如果一个不运行组播路由器的网络遇到了一个组播数据报，那么它会（　　）。【模拟题】

A．丢弃该分组，不发送错误信息

B．丢弃该分组，并且通知发送方错误信息

C．选择一个地址，继续转发该分组

D．对组播数据报再次封装，使之变为单一目的站发送的单播数据报，然后发送

【答案】D

【解析】本题考查组播的传输特性。组播数据报在传输的过程中，若遇到不运行组播路由器的网络，路由器就对组播数据报进行再次封装，使之成为一个单一目的站发送的单播数据报。通过隧道之后，再由路由器剥去其首部，使之恢复成原来的组播数据报，继续向多个目的站转发。故选项 D 为正确答案。

【例3·选择题】以下关于组播的描述中，错误的是（　　）。【模拟题】

A．IP 组播是指多个接收者可以接收到从同一个或一组源节点发送的相同内容的分组

B．支持组播协议的路由器叫作组播路由器

C．发送者使用组播地址发送分组时不需要了解接收者的位置信息与状态信息

D．在设计组播路由时，为了避免路由环路，采用了 IGMP

【答案】D

【解析】本题考查组播的基本概念。选项 A 和选项 B 都是基本概念的表述，是正确的。发送者使用组播地址发送分组时，不需要了解有关接收者的任何信息，实际上发送者也不需要关心这些信息，只需要了解组播地址，所以选项 C 正确。IGMP 是互联网组管理协议，不是组播路由协议。在设计组播路由时，为了避免路由环路，构造组播转发树，故选项 D 错误。

考点 25　组播地址（★★）

重要程度	★★
历年回顾	全国统考：无涉及 院校自主命题：无涉及

【例·选择题】以下关于组播地址的说法错误的是（　　）。【模拟题】
A. D 类地址被分配为组播地址，前 4 个二进制位为 "1110"
B. D 类地址范围是 224.0.0.0 ～ 239.255.255.255
C. D 类地址范围是 224.0.0.0 ～ 240.0.0.0
D. D 类地址由 IANA 分配

【答案】C

【解析】本题考查组播地址的基本描述。选项 A、B、D 正确。IP 使用 D 类地址支持组播。因特网编号分配机构（Internet Assigned Numbers Authority，IANA）将 D 类地址空间分配给 IPv4 组播使用，D 类 IP 地址前缀是 "1110"，地址范围是 224.0.0.0 ～ 239.255.255.255，每一个 D 类地址标识一组主机。所以选项 C 错误。

考点 26　IGMP（★★）

重要程度	★★
历年回顾	全国统考：无涉及 院校自主命题：无涉及

【例·选择题】IGMP 和 IGMP Snooping 的区别不包括（　　）。【模拟题】
A. IGMP 运行在主机和组播路由器之间，用于跟踪、了解主机是哪些组播组的成员
B. IGMP 运行在网络层，IGMP Snooping 运行在数据链路层
C. IGMP Snooping 工作在二层交换机中，用于将组播报文在二层上进行有目的性的转发
D. IGMP 运行在数据链路层，IGMP Snooping 运行在网络层

【答案】D

【解析】本题考查 IGMP 和 IGMP Snooping 的特点和区别。IGMP 运行在网络层，且运行在主机和组播路由器之间，用于跟踪、了解主机是哪些组播组的成员。IGMP Snooping 运行在数据链路层，工作在二层交换机中，用于将组播报文在二层上进行有目的性的转发。

第六节　移动 IP

考点 27　移动 IP 的基本概念（★★）

重要程度	★★
历年回顾	全国统考：无涉及 院校自主命题：无涉及

【例·选择题】以下关于移动 IP 基本术语的描述中，错误的是（　　）。【模拟题】
A. 转交地址是指当移动节点接入一个外地网络时使用的长期有效的 IP 地址
B. 目的地址为本地地址的 IP 分组，将会以标准的 IP 路由机制发送到本地网络
C. 本地链路与外地链路比本地网络与外地网络更精确地表示移动节点接入位置

D. 本地代理通过隧道将发送给移动节点的 IP 分组转发到移动节点

【答案】A

【解析】本题考查移动 IP 的相关概念。本地地址是指本地网络为每个移动节点分配一个长期有效的 IP 地址，转交地址是指当移动节点接入一个外地网络时被分配的一个临时的 IP 地址。

考点 28 移动 IP 通信过程（★★）

重要程度	★★
历年回顾	全国统考：无涉及 院校自主命题：无涉及

【例·选择题】如果一台主机移动到了另一个局域网中，这时一个分组到达它原来所在的局域网中，分组会被转发到（   ）。【模拟题】

A. 移动 IP 的本地代理
B. 移动 IP 的外部代理
C. 主机
D. 丢弃

【答案】A

【解析】本题考查移动 IP 的通信过程。当一个分组到达用户的本地局域网中的时候，它被转发给某一台与局域网相连的路由器。该路由器寻找目标 IP 主机，这时候本地代理响应该请求，并且接收该分组；然后将这些分组封装到一些新的 IP 分组中，并将新分组发送给外部代理。外部代理将原分组分解出来后，移交给移动后的主机。故选项 A 为正确答案。

第七节 SDN 的概念与结构

考点 29 SDN 的基本概念（★★★）

重要程度	★★★
历年回顾	全国统考：无涉及 院校自主命题：无涉及

【例 1·选择题】以下选项中，（   ）不在 SDN 的层次划分中。【模拟题】

A. 通信层
B. 状态管理层
C. 软件层
D. 到网络控制应用程序层的接口

【答案】C

【解析】本题考查 SDN 的 3 个层次。SDN（Software Defined Network，软件定义网络）的 3 个层次分别为通信层、状态管理层、到网络控制应用程序层的接口（北向接口），没有软件层。

【例2·选择题】SDN 的特点不包括（　　）。【模拟题】

A. 基于流的转发

B. 将数据平面与控制平面分离

C. 控制平面用软件实现，逻辑上是集中式管理

D. 不可编程

【答案】D

【解析】本题考查 SDN 的特点。SDN 是可编程的网络。所以选项 D 错误。

考点 30　OpenFlow 协议（★★★）

重要程度	★★★
历年回顾	全国统考：无涉及 院校自主命题：无涉及

【例·选择题】以下描述错误的是（　　）。【模拟题】

A. 基于 SDN 发明出了 OpenFlow

B. SDN 网络中的路由器叫作分组交换机

C. SDN 网络中的转发表称为流表

D. SDN 网络中使用的协议是 OpenFlow

【答案】A

【解析】本题考查 OpenFlow 的相关知识。选项 A 错误，正确的描述是基于 OpenFlow 提出了 SDN 的概念。

考点 31　SDN 架构（★★★）

重要程度	★★★
历年回顾	全国统考：2022 年选择题 院校自主命题：无涉及

【例·选择题】SDN 中，SDN 控制器向数据平面的 SDN 交换机下发流表时使用（　　）。【2022 年全国统考】

A. 东向接口　　　　　　　　B. 西向接口

C. 南向接口　　　　　　　　D. 北向接口

【答案】C

【解析】本题考查 SDN 控制器和数据平面之间的接口的定义和作用。SDN 控制器有北向接口和南向接口两个接口。其中北向接口为 SDN 应用提供了通用的开放编程接口，南向接口是 SDN 控制器和 SDN 数据平面的开放接口。SDN 控制器通过南向接口对 SDN 数据平面进行编程控制，实现数据平面的转发等网络行为。

高手点拨 下图为 SDN 网络体系结构。SDN 网络应用实现了对应的网络功能应用。SDN 控制器（也称为网络操作系统）不仅要通过北向接口为上层网络应用提供不同层次的可编程能力，还要通过南向接口对 SDN 数据平面进行统一的配置、管理和控制。SDN 数据平面是基于软件实现和硬件实现的数据平面设备。

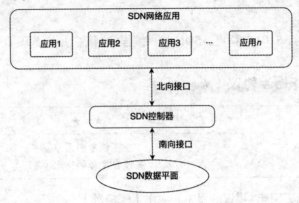

解题技巧 在解答考查南向接口和北向接口作用的题目时，可以将解题原则简单地记作"上北下南"，就本题而言，从 SDN 控制器到 SDN 数据平面是从上层到下层的数据传输，所以使用南向接口。

第八节 网络层设备

考点 32 路由器（★★★）

重要程度	★★★
历年回顾	全国统考：2012 年选择题 院校自主命题：有涉及

【例 1·选择题】下列关于 IP 路由器功能的描述中，正确的是（　　）。【2012 年全国统考】

Ⅰ．运行路由协议，设置路由表

Ⅱ．监测到拥塞时，合理丢弃 IP 分组

Ⅲ．对收到的 IP 分组头进行差错校验，确保传输的 IP 分组不丢失

Ⅳ．根据收到的 IP 分组的目的 IP 地址，将其转发到合适的输出线路上

A．Ⅲ、Ⅳ　　　　　　　　　　　　B．Ⅰ、Ⅱ、Ⅲ

C．Ⅰ、Ⅱ、Ⅳ　　　　　　　　　　D．Ⅰ、Ⅱ、Ⅲ、Ⅳ

【答案】C

【解析】本题考查 IP 路由器的功能。IP 路由器工作在 TCP/IP 模型的网络层（或称 IP 层），TCP/IP 模型的网络层并不负责可靠传输，而是"尽最大努力交付"，这并不能确保传输的 IP 分组不丢失。

IP 路由器对收到的 IP 分组头进行差错校验，当发现错误时会丢弃该 IP 分组，并向源主机发送 ICMP 差错报告报文，具体类型为参数错误。

综上所述，题目中Ⅲ的描述是错误的，利用排除法可知选项 C 正确。题目中Ⅰ、Ⅱ和Ⅳ的描述都是正确的。

【例 2·选择题】下列关于路由器的说法，正确的是（　　）。【2015 年中国科学院大学】
A. 路由器处理的信息量比交换机少，因而转发速度比交换机快
B. 对于同一目标，路由器只提供时延最小的最佳路由
C. 通常的路由器可以支持多种网络层协议，并提供不同协议之间的分组转换
D. 路由器不但能够根据逻辑地址进行转发，而且可以根据物理地址进行转发

【答案】C

【解析】本题考查路由器的基本概念。不能以处理信息量的多少为判断路由器和交换机转发速度快慢的依据，而且路由器的转发速度与信息量并无直接关联，选项 A 错误。在网络中，当某路由器出现故障时，其他相邻路由器自动重新选择路由，路由的选择与具体路由协议有关，不一定总是以时延最小作为评价指标，选项 B 错误。路由器是工作在网络层的设备，不能根据物理地址进行转发，网络层只看到 IP 首部的 IP 地址，在数据链路层才能看到物理地址，选项 D 错误。通常路由器支持多种网络层协议，如 ICMP、ARP 等，并能提供不同协议之间的分组转换，因此，选项 C 是正确答案。

【例 3·选择题】网络互联时，在由路由器进行互联的多个局域网结构中，要求每个局域网的（　　）。【2017 年青岛理工大学】
A. 物理层协议可以不同，而数据链路层及数据链路层以上的高层协议必须相同
B. 物理层、数据链路层协议可以不同，而数据链路层以上的高层协议必须相同
C. 物理层、数据链路层、网络层协议可以不同，而网络层以上的高层协议必须相同
D. 物理层、数据链路层、网络层及高层协议都可以不同

【答案】C

【解析】本题考查路由器的作用。路由器工作在网络层，向传输层及以上各层隐藏下层的具体实现，也就是说本层及本层以下的协议可以不同，即物理层、数据链路层、网络层的协议可以不同；而路由器不能处理网络层之上的协议数据，所以网络层以上的高层协议必须相同。故选项 C 为正确答案。

考点 33　路由表（★★★★）

重要程度	★★★★
历年回顾	全国统考：2015 年选择题、2014 年综合应用题 院校自主命题：无涉及

【例 1·选择题】某路由器的路由表如下页表所示。

目的网络	下一跳	接口
169.96.40.0/23	176.1.1.1	S1
169.96.40.0/25	176.2.2.2	S2
169.96.40.0/27	176.3.3.3	S3
0.0.0.0/0	176.4.4.4	S4

若路由器收到一个目的地址为 169.96.40.5 的 IP 分组，则转发该 IP 分组的接口是（　　）。【2015 年全国统考】

A. S1　　　　　　　　　　　B. S2
C. S3　　　　　　　　　　　D. S4

【答案】C

【解析】本题考查路由表的信息分析。依据最长前缀匹配原则，题目中的 169.96.40.5 与 169.96.40.0 匹配，可以得到 27 位的最长匹配长度，所以选项 C 为正确答案。注意，S4 的目的网络为默认路由，只有当前面的所有目的网络都不能和分组的目的 IP 地址匹配时才会使用。

【例 2 · 选择题】某路由器所建立的路由表内容如下表所示。

目的网络地址	子网掩码	下一跳
128.96.39.0	255.255.255.128	接口 0
128.96.39.128	255.255.255.128	接口 1
128.96.40.0	255.255.255.128	R2
192.4.153.0	255.255.255.192	R3
*（默认）	0.0.0.0	R4

现收到 2 个分组，其目的 IP 地址分别是 128.96.40.142 和 128.96.40.15，则它们的下一跳分别是（　　）。【模拟题】

A. 接口 1 和 R2　　　　　　B. R2 和 R3
C. R4 和 R3　　　　　　　　D. R4 和 R2

【答案】D

【解析】本题考查路由表的信息分析。使用目的 IP 地址与子网掩码进行"与"运算，可求得目的网络地址，从而根据路由表找到下一跳。(128.96.40.142)&(255.255.255.128)=128.96.40.128，路由表中没有该目的地址，故只能使用默认路由，下一跳为 R4。(128.96.40.15)&(255.255.255.128)=128.96.40.0，故下一跳为 R2。所以选项 D 为正确答案。

【例 3 · 综合应用题】某网络中的路由器运行 OSPF 路由协议，下表是路由器 R1 维护的主要链路状态信息（LSI），下页图是根据表及 R1 的接口名构造出来的网络拓扑。【2014 年全

【国统考】

		R1 的 LSI	R2 的 LSI	R3 的 LSI	R4 的 LSI	备注
Router ID		10.1.1.1	10.1.1.2	10.1.1.5	10.1.1.6	标识路由器的 IP 地址
Link1	ID	10.1.1.2	10.1.1.1	10.1.1.6	10.1.1.5	所连路由器的 Router ID
	IP	10.1.1.1	10.1.1.2	10.1.1.5	10.1.1.6	Link1 的本地 IP 地址
	Metric	3	3	6	6	Link1 的费用
Link2	ID	10.1.1.5	10.1.1.6	10.1.1.1	10.1.1.2	所连路由器的 Router ID
	IP	10.1.1.9	10.1.1.13	10.1.1.10	10.1.1.14	Link2 的本地 IP 地址
	Metric	2	4	2	4	Link2 的费用
Net1	Prefix	192.1.1.0/24	192.1.6.0/24	192.1.5.0/24	192.1.7.0/24	直连网络 Net1 的网络前缀
	Metric	1	1	1	1	到达直连网络 Net1 的费用

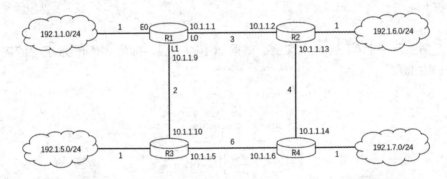

请回答下列问题。

（1）假设路由表结构如下表所示，请给出上图中 R1 的路由表，要求包括到达上图中子网 192.1.x.x 的路由，且路由表中的路由项尽可能少。

目的网络	下一跳	接口

（2）当主机 192.1.1.130 向主机 192.1.7.211 发送一个 TTL=64 的 IP 分组时，R1 通过哪个接口转发该 IP 分组？主机 192.1.7.211 收到的 IP 分组的 TTL 是多少？

（3）若 R1 增加一条 Metric 为 10 的链路连接 Internet，则上表中 R1 的 LSI 需要增加哪些信息？

【答案】（1）路由表如下表所示。

目的网络	下一跳	接口
192.1.1.0/24	—	E0
192.1.5.0/24	10.1.1.10	L1
192.1.6.0/23	10.1.1.2	L0

（2）L0；TTL 是 61。

（3）需要增加一条网络前缀 Prefix 为 0.0.0.0/0、Metric 为 10 的特殊的直连网络。

【解析】（1）因为题目要求路由表中的路由项尽可能少，所以这里可以把子网 192.1.6.0/24 和 192.1.7.0/24 聚合为子网 192.1.6.0/23。其他网络照常。

（2）通过查路由表可知，R1 通过 L0 接口转发该 IP 分组，因为该分组要经过 3 个路由器（R1、R2、R4），所以主机 192.1.7.211 收到的 IP 分组的 TTL 是 64-3 = 61。

（3）R1 的 LSI 需要增加一条特殊的直连网络，网络前缀 Prefix 为 0.0.0.0/0，Metric 为 10。

过关练习

选择题

1. IPv4 数据报的首部字段中，在一般的路由器转发时，不发生变更的字段是（　　）。【模拟题】

　　A. 源地址　　　　　　B. 生存期　　　　　　C. 总长度　　　　　　D. 首部校验和

2. 下图所示是 NAT 的一个实例，根据图中的信息，标号为④的方格中的内容应为（　　）。【模拟题】

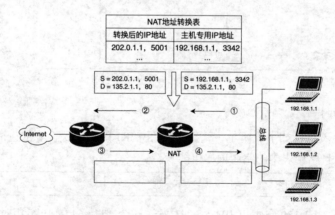

　　A. S = 135.2.1.1，80；D = 202.0.1.1，5001

　　B. S = 135.2.1.1，80；D = 192.168.1.1，3342

　　C. S = 202.0.1.1，5001；D = 135.2.1.1，80

　　D. S = 192.168.1.1，3342；D = 135.2.1.1，80

3. 使用 CIDR 技术把 4 个网络 100.100.0.0/18、100.100.64.0/18、100.100.128.0/18、100.100.192.0/18 汇聚成一个超网，得到的地址是（　　）。【模拟题】

　　A. 100.100.0.0/16　　　　　　　　　　B. 100.100.0.0/18

　　C. 100.100.128.0/18　　　　　　　　　D. 100.100.64.0/18

4. 对于 193.100.60.20 网络，若子网掩码设置为 255.255.255.192，则每个子网最多可接入（　　）台主机。【模拟题】
   A. 256　　　　　B. 254　　　　　C. 62　　　　　D. 30

5. 下列地址中属于子网 86.32.0.0/12 地址的是（　　）。【模拟题】
   Ⅰ. 86.33.224.123
   Ⅱ. 86.79.65.126
   Ⅲ. 86.68.65.216
   A. 仅Ⅰ　　　　　B. Ⅰ、Ⅱ　　　　　C. Ⅱ、Ⅲ　　　　　D. 仅Ⅲ

6. 若子网掩码为 255.255.0.0，则下列（　　）IP 地址与其他地址不在同一网络中。【模拟题】
   A. 172.25.15.200　　　　　B. 172.25.16.15
   C. 172.25.25.200　　　　　D. 172.35.16.15

7. TCP/IP 网络中，某主机的 IP 地址为 130.25.3.135，子网掩码为 255.255.255.192，那么该主机所在子网的网络地址和该子网最大可分配的地址个数分别是（　　）。【模拟题】
   A. 130.25.0.0，30　　　　　B. 130.25.3.0，30
   C. 130.25.3.128，62　　　　D. 130.25.3.255，126

8. 下面关于 ARP 的说法中，错误的是（　　）。【模拟题】
   Ⅰ. ARP 的请求报文是单播的
   Ⅱ. ARP 的响应报文是单播的
   Ⅲ. 如果局域网 A 的主机 1 想和局域网 B 的主机 2 通信，但是主机 1 不知道主机 2 的物理地址，主机 1 通过发送 ARP 报文就可以解决
   A. 仅Ⅰ　　　　　B. 仅Ⅱ
   C. Ⅰ、Ⅲ　　　　D. Ⅱ、Ⅲ

9. 下面关于 ICMP 的说法中，正确的是（　　）。【模拟题】
   Ⅰ. ICMP 消息的传输是可靠的
   Ⅱ. ICMP 被封装在 IP 数据报的数据部分
   Ⅲ. ICMP 可用来进行拥塞控制
   A. 仅Ⅰ　　　　　B. Ⅰ和Ⅱ
   C. Ⅱ和Ⅲ　　　　D. Ⅰ和Ⅲ

10. 在 IPv6 协议中，一个数据流可以由（　　）进行标识。【模拟题】
    A. 源地址、目的地址和流名称　　　　B. 源地址、目的地址和流标号
    C. 源地址、端口号和流标号　　　　　D. MAC 地址、端口号和流名称

11. IPv6 地址以十六进制表示，每 4 个十六进制数为一组，组之间用冒号分隔，IPv6 地址 ADBF:0000:FEEA:0000:0000:00EA:00AC:DEED 的简化写法是（　　）。【模拟题】
   A. ADBF:0:FEEA:00:EA:AC:DEED
   B. ADBF:0:FEEA::EA:AC:DEED
   C. ADBF:0:FEEA:EA:AC:DEED
   D. ADBF::FEEA:EA:AC:DEED

12. 一个有 50 个路由器的网络，采用基于距离—向量路由算法，路由表的每个表项长度为 6B，每个路由器都有 3 个邻接路由器，每秒与每个邻接路由器交换 1 次路由表，则每条链路上由于路由器更新路由信息而耗费的带宽为（　　）。【模拟题】
   A. 2400bit/s
   B. 3600bit/s
   C. 4800bit/s
   D. 6000bit/s

13. RIP 和 OSPF 协议分别使用（　　）协议进行传输。【模拟题】
   A. TCP 和 IP
   B. UDP 和 IP
   C. TCP 和 UDP
   D. 都用 IP

14. 在 IP 分组的传输过程中，以下 IP 分组首部中的字段保持不变的是（　　）。【模拟题】
   Ⅰ. 总长度
   Ⅱ. 首部校验和
   Ⅲ. 生存时间
   Ⅳ. 源 IP 地址
   A. Ⅰ、Ⅱ、Ⅳ
   B. 仅Ⅳ
   C. Ⅰ、Ⅲ、Ⅳ
   D. Ⅱ、Ⅳ

15. 如果主机 A 要向处于同一子网段的主机 B（IP 地址为 172.16.204.89/16）发送一个分组，那么主机 A 使用的"这个网络上的特定主机"的地址为（　　）。【模拟题】
   A. 172.16.255.255
   B. 172.16.204.255
   C. 0.0.255.255
   D. 0.0.204.89

16. 某端口的 IP 地址为 172.16.7.131/26，则该 IP 地址所在网络的广播地址为（　　）。【模拟题】
   A. 172.16.7.191
   B. 172.16.7.129
   C. 172.16.7.255
   D. 172.16.7.252

17. 当路由器接收到一个 1500B 的 IP 数据报时，需要将其转发到 MTU 为 980B 的子网，分片后产生两个 IP 数据报，长度分别是（　　）（首部长度为 20B）。【模拟题】
   A. 750、750
   B. 980、520
   C. 980、540
   D. 976、544

18. 路由器收到一个数据包，其目的地址为 195.26.17.4，该地址属于（　　）子网。【模拟题】

　　A. 195.26.0.0/21　　　　　　　　B. 195.26.16.0/20
　　C. 195.26.8.0/22　　　　　　　　D. 195.26.20.0/22

19. 一台主机的 IP 地址为 11.1.1.100，子网掩码为 255.0.0.0，现在用户需要配置该主机的默认路由。经过观察发现，与该主机直接相连的路由器具有如下 4 个 IP 地址和子网掩码。

　　Ⅰ. IP 地址：11.1.1.1，子网掩码：255.0.0.0
　　Ⅱ. IP 地址：11.1.2.1，子网掩码：255.0.0.0
　　Ⅲ. IP 地址：12.1.1.1，子网掩码：255.0.0.0
　　Ⅳ. IP 地址：13.1.2.1，子网掩码：255.0.0.0

IP 地址和子网掩码可能是该主机默认路由的是（　　）。【模拟题】
　　A. Ⅰ和Ⅱ　　　B. Ⅰ和Ⅲ　　　C. Ⅰ、Ⅱ和Ⅲ　　　D. Ⅲ和Ⅳ

20. 经 CIDR 路由聚合后的路由表如下表所示。如果该路由器接收到目的地址为 172.16.59.37 的分组，则该路由器（　　）。【模拟题】

目的网络	下一跳地址	输出接口
172.16.63.240/30	直接连接	S0
172.16.63.244/30	直接连接	S1
172.16.0.0/22	172.16.63.241	S0
172.16.56.0/22	172.16.63.246	S1
172.16.63.0/28	172.16.63.241	S0
172.16.70.16/29	172.16.63.246	S1

　　A. 将接收到的分组直接传输给目的主机
　　B. 将接收到的分组丢弃
　　C. 将接收到的分组从 S0 接口转发
　　D. 将接收到的分组从 S1 接口转发

21. 以太网组播 IP 地址 224.215.145.230 应该映射到的组播 MAC 地址为（　　）。【模拟题】
　　A. 01-00-5E-57-91-E6　　　　　　B. 01-00-5E-D7-91-E6
　　C. 01-00-5E-5B-91-E6　　　　　　D. 01-00-5E-55-91-E6

综合应用题

22. 某网络拓扑如下页图所示，其中 R 为路由器，主机 H1～H4 的 IP 地址配置以及 R 的各接口 IP 地址配置如图中所示。现有若干台以太网交换机（无 VLAN 功能）和路由器两类

网络互联设备可供选择。【2019 年全国统考】

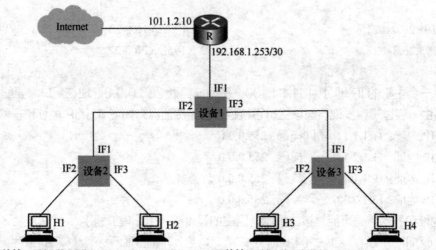

请回答下列问题。

（1）设备 1、设备 2 和设备 3 分别应选择什么类型网络设备？

（2）设备 1、设备 2 和设备 3 中，哪几个设备的接口需要配置 IP 地址？并为对应的接口配置正确的 IP 地址。

（3）为确保主机 H1 ~ H4 能够访问 Internet，R 需要提供什么服务？

（4）若主机 H3 发送一个目的地址为 192.168.1.127 的 IP 数据报，网络中哪几个主机会接收该数据报？

23. 一个单位有一个 C 类网络 200.1.1，考虑到其共有 4 个部门：A、B、C、D，准备划分子网。这 4 个部门内的主机数目分别是 72、35、20、18，即共有 145 台主机。【模拟题】

（1）给出一种可能的子网掩码安排来完成划分任务。

（2）如果 D 部门的主机数目增长到 34 台，那么该单位又该怎么做？

答案与解析

题号	1	2	3	4	5	6	7	8	9	10
答案	A	B	A	C	A	D	C	C	C	B
题号	11	12	13	14	15	16	17	18	19	20
答案	B	C	B	B	D	A	C	B	A	D
题号	21									
答案	A									

1. A【解析】本题考查 IP 数据报。因为只考虑一般路由器转发，不考虑 NAT，所以源地址不会改变；数据报每经过一个路由器，生存期就会减 1；数据报有可能会分片，单个报文总长度会变化；因为其他字段会变化，所以首部校验和也会变化。故选项 A 为正确答案。

2. B【解析】本题考查 IPv4 与 NAT 地址转换。由题目中所给出的图示可知，Web 服务器给地址为 192.168.1.1 的源主机返回响应结果时，进入 NAT 路由器之前的 IP 分组的源 IP 地址为 135.2.1.1，源端口号为 80，目的 IP 地址为 202.0.1.1，目的端口号为 5001，即在图中标号为③的方格中的内容应为"S = 135.2.1.1，80；D = 202.0.1.1，5001"。查询 NAT 路由器中的 NAT 地址转换表可知，该 IP 分组的目的 IP 地址 202.0.1.1 转换为 192.168.1.1，目的端口号 5001 转换为 3342，而源 IP 地址、源端口号不变。可见，在图中标号为④的方格中的内容应为"S = 135.2.1.1，80；D = 192.168.1.1，3342"。

3. A【解析】本题考查 CIDR 技术。首先判断网络号中的第几个字段不相同，然后把这个字段用二进制表示，结果如下。
100.100.00000000.0/18　100.100.01000000.0/18
100.100.10000000.0/18　100.100.11000000.0/18
可以看到，从第三个字段的第一位开始就已经不同，按照 CIDR 的规则，找到最大能涵盖这 4 个网络的网络号，故超网的网络号是 100.100.0.0/16。

4. C【解析】本题考查子网划分的计算。将子网掩码的最后一个字节用二进制表示为 11000000，该数的前 2 位表示子网号，后 6 位表示子网中的主机号，即每个子网最多可接入 62（$2^6-2=62$）台主机（主机号不能为全 0 和全 1）。

5. A【解析】本题考查子网划分的计算。CIDR 地址块 86.32.0.0/12 的网络前缀为 12 位，说明第二个字节的前 4 位在前缀中。第二个字节为 32，转换成二进制为 00100000。选项中给出的 3 个地址的第二个字节的前 4 位分别是 0010、0100、0100，所以只有 I 满足条件。

6. D【解析】本题考查子网掩码的应用。将子网掩码与 IP 地址进行"按位与"操作，可知选项 A、B、C 中的 IP 地址所在的网络号均为 172.25.0.0，选项 D 中的 IP 地址所在的网络号为 172.35.0.0，故选项 D 中的 IP 地址与其他选项中的 IP 地址不在同一个网络中。

7. C【解析】本题考查子网地址的计算。子网掩码与 IP 地址进行"按位与"操作得到网络地址。主机号为全 0 的表示本网络，为全 1 的表示本网络的广播地址。由子网掩码可以知道，网络地址与第四个字节有关。因此，只需将第四个字节用二进制表示。IP 地址 130.25.3.135 可表示为 130.25.3.10000111，子网掩码 255.255.255.192 可表示为 255.255.255.11000000，两者进行"按位与"操作，得出网络地址为 130.25.3.10000000。将该网络地址的第四个字节换算成十进制为 130.25.3.128，最后 6 位为主机号，主机号不能为全 0 和全 1，因此最大可分配的地址个数为 62（$2^6-2 = 62$）。

8. C【解析】本题考查 ARP。

当主机 A 要向本局域网上的某台主机 B 发送 IP 数据包时，如果在其 ARP 高速缓存中查询不到主机 B 的物理地址，这时候 ARP 进程就需要在本局域网上广播发送一个 ARP 请求分组，所以 ARP 的请求报文是广播的，不是单播的，故 Ⅰ 的说法错误。

继续上述分析，此时应该是本局域网上的所有主机都可以收到此 ARP 的请求分组，而当主机 B 见到 ARP 分组中的 IP 地址是自己的 IP 时，就向主机 A 发送一个 ARP 响应分组，所以 ARP 响应分组是普通的单播，故 Ⅱ 的说法正确。

需要注意，ARP 是解决同一局域网上的主机或路由器的 IP 地址和硬件地址的映射问题，如果所要找的主机和源主机不在同一个局域网上，剩下的所有工作都应该由下一跳的路由器来完成，故 Ⅲ 的说法错误。

9. C【解析】本题考查 ICMP。

由于 IP 提供的是无连接不可靠的服务，所以 ICMP 消息的传输是不可靠的，故 Ⅰ 的说法错误。

整个 ICMP 报文是作为 IP 数据报的数据部分，故 Ⅱ 的说法正确。

主机在发送数据报时，经常会由于各种原因（如路由器拥塞或传输过程中出现错误等）发送错误，如果检测出错误的路由器或主机都能把这些错误报告通过一些控制消息反馈给发送数据报的主机，那么发送数据报的主机就可以根据 ICMP 报文确定发生错误的类型，并确定如何才能更好地重发失败的数据报。例如，ICMP 报文发过来的是改变路由，那么主机就不能继续按照这个路由线路发送，而需要用另外一条路由线路发送数据报，故 Ⅲ 的说法正确。

10. B【解析】本题考查 IPv6 的首部结构。流就是 Internet 上从特定的源站到特定的目的站的单播或组播数据分组，所经过的路径上的路由器都能保证指定的服务质量。IPv6 首部中的源地址、目的地址和流标号字段唯一地标识了一个流。

11. B【解析】本题考查 IPv6 地址的写法。IPv6 地址的简化写法：用重叠冒号置换地址中间连续几组的 0，重叠冒号规则在一个地址中只能使用一次；在每 4 个为一组的十六进制数中，如其高位为 0，则可省略。因此选项 B 为正确答案。

12. C【解析】本题考查距离—向量路由算法中路由器更新时间的计算。由题意可知，在该网络上有 50 个路由器，因此每个路由器的路由表大小 $=6 \times 8 \times 50 \text{bit} = 2400 \text{bit}$。在距离—向量路由算法中，每个路由器都定期与所有邻接的路由器交换整个路由表，并以此更新自己的路由表项。由于每个路由器每秒与自己的每个邻接路由器交换 1 次路由表，一条链路连接两个路由器，所以每秒在一条链路上交换的数据 $=2 \times 2400 \text{bit} = 4800 \text{bit}$，即由于更新路由信息而耗费的带宽为 4800bit/s。

13. B【解析】本题考查 RIP 和 OSPF 协议。RIP 和 OSPF 协议分别使用 UDP 和 IP 进行传输。

14. B【解析】本题考查 IP 分组。

当 IP 分组的长度超过网络的最大分组传输单元时，需要分片，此时总长度将改变，故 I 错误。

IP 分组每经过一个跳段都会改变其首部校验和，故 II 错误。

生存时间是在不断减少的，比如使用 RIP，每经过一个路由器，生存时间就会减 1，故 III 错误。

如果题目没有说明是在 NAT 的情况下，则不需要考虑 NAT 情况，此时可以认为源 IP 地址和目的 IP 地址都不可以改变，否则是可以改变的。

15. D【解析】本题考查 IP 分组。"这个网络上的特定主机"的地址是指网络号为全 0、主机号为确定值的 IP 地址。当一台主机或一台路由器向本网络的某台特定的主机发送一个分组时，它就需要使用"这个网络上的特定主机"地址。这样的分组被限制在本网内部，由主机号对应的主机接收。主机 A 要向处于同一子网段的主机 B（IP 地址为 172.16.204.89/16）发送一个分组，由于 172.16.204.89/16 是一个 B 类的 IP 地址，"/16"是子网掩码 255.255.0.0 的简写形式，该 B 类 IP 地址的网络号为"172.16"、主机号为"204.89"，所以主机 A 使用的"这个网络上的特定主机"的地址为 0.0.204.89。

16. A【解析】本题考查特殊 IP 地址。几类重要的特殊 IP 地址如下表所示。

特殊地址	网络号	主机号	源地址或目的地址
网络地址	特定的	全 0	都不是
直接广播地址	特定的	全 1	目的地址
受限广播地址	全 1	全 1	目的地址
这个网络上的主机	全 0	全 0	源地址
这个网络上的特定主机	全 0	特定的	源地址
环回地址	127	任意	源地址或目的地址

网络的广播地址就是将主机号全部置为 1；本题中"/26"表示 32 位 IP 地址中的前 26 位都是网络号，最后 6 位是主机号。131 的二进制形式为 10000011，根据广播地址的定义，主机号为全 1 的 IP 地址是广播地址，即 10111111，转换为十进制为 191，故广播地址为 172.16.7.191。

17. C【解析】本题考查 IP 数据报。MTU 为 980B，则数据部分的长度应该为 MTU 的长度减去 IP 数据报的首部长度，即为 960B（960 可以被 8 整除，符合分片的要求），接收到的 IP 数据报的长度为 1500B，数据部分的长度为 1480B，则第一个数据报的长度为一个 MTU 的长度 980B，第二个数据报的长度 =1480-960+20 = 540(B)。

> 高手点拨 IP 分片后，IP 数据报片的数据部分的字节数是 8 的倍数。

18. B【解析】本题考查 IP 子网的计算方法。目的地址 195.26.17.4 转换为二进制的表达形式为 11000011.00011010.00010001.00000100。对该 IP 地址取 20、21、22 位的子网掩码，就可以得到该 IP 地址所对应的子网：195.26.16.0/20、195.26.16.0/21、195.26.16.0/22，从而可以得出该地址属于 195.26.16.0/20 的子网。

19. A【解析】本题考查默认路由的配置。所有网络都必须使用子网掩码，同时在路由器的路由表中也必须有子网掩码这一栏。如果一个网络不划分子网，那么就使用默认的子网掩码。默认子网掩码中 1 的位置和 IP 地址中的网络号字段 net-id 正好相对应。主机地址是一个标准的 A 类地址，其网络地址为 11.0.0.0。Ⅰ的网络地址为 11.0.0.0，Ⅱ的网络地址为 11.0.0.0，Ⅲ的网络地址为 12.0.0.0，Ⅳ的网络地址为 13.0.0.0，因此，和主机在同一网络的是Ⅰ和Ⅱ。

20. D【解析】本题考查路由器的工作原理。当路由器接收到目的地址为 172.16.59.37 的分组时，路由器就需要在路由表中寻找一条最佳的匹配路由，即满足最长匹配原则。由于前两个字节 172.16 都是一样的，所以只需要比较第三个字节即可。$59 = (00111011)_2$，$0 = (00000000)_2$，$56 = (00111000)_2$，$63 = (00111111)_2$，$70 = (01000110)_2$。经过比较，目的地址 172.16.59.37 与 172.16.56.0/22 的地址前缀之间有 22 位是匹配的，通过查表可知，该路由器到达目的网络 172.16.56.0/22 的输出接口是 S1。因此，该路由器将接收到的目的地址为 172.16.59.37 的分组从 S1 接口转发。

21. A【解析】本题考查以太网组播 IP 地址与 MAC 地址的映射关系。先把 IP 地址换算成二进制形式，224.215.145.230 的二进制形式为 11100000.11010111.10010001.11100110。MAC 地址的低 23 位为 IPv4 组播地址的低 23 位，二进制表示为 1010111.10010001.11100110，因为 MAC 地址是用十六进制表示的，所以只要把二进制的 IP 地址转换成十六进制表示形式。11100110 = E6，10010001 = 91，0111 = 7，剩余 3 位。101 的前面补 1 个 0，得到 0101=5，由此得到 MAC 地址的后 24 位组合：57-91-E6。然后 MAC 地址的前 24 位用 MAC 地址的组播 01-00-5E，所以最后的结果应该是 01-00-5E-57-91-E6。

22.【答案】（1）设备 1：路由器；设备 2：以太网交换机；设备 3：以太网交换机。

（2）由于设备 1 是路由器，所以其接口需要配置 IP 地址。设备 1 的 IF1、IF2 和 IF3 接口的 IP 地址分别是 192.168.1.254、192.168.1.1 和 192.168.1.65。

（3）R 需要提供 NAT，即网络地址转换服务。

（4）只有主机 H4 会接收该数据报。

23.【答案】（1）A 部门有 72 台，$2^6 < 72 < 2^7$，IP 地址的后 7 位用来分配子网，因此可分配给它的子网为 200.1.1.00000000。

B 部门有 35 台，$2^5 < 35 < 2^6$，IP 地址的后 6 位用来分配子网，因此可分配给它的子网为 200.1.1.10000000。

C 部门有 20 台，$2^4 < 20 < 2^5$，IP 地址的后 5 位用来分配子网，因此可分配给它的子网为 200.1.1.11000000。

D 部门有 18 台，$2^4 < 18 < 2^5$，IP 地址的后 5 位用来分配子网，因此可分配给它的子网为 200.1.1.11100000。

写成 CIDR 格式：

对于 A 部门，可分配给它的子网为 200.1.1.0/25；

对于 B 部门，可分配给它的子网为 200.1.1.128/26；

对于 C 部门，可分配给它的子网为 200.1.1.192/27；

对于 D 部门，可分配给它的子网为 200.1.1.224/27。

（2）如果 D 部门的主机增加到 34 台，显然网络地址不够，因为从 200.1.1.225 到 200.1.1.254 最多容纳 30 台，所以需要增加地址。

【解析】（1）由已知条件可知，只能在最后 8 位中借用一定的位作为子网，4 个部门的主机数要求不同，因此需要变长子网划分，即各个网段的子网掩码位数不同。计算各部门所需主机数目所需要占用的位数，然后从 200.1.1 中划分。

（2）D 部门用后 5 位来分配子网主机，而 $2^5 = 32$，除去全 0 的网络地址和全 1 的广播地址后，从 200.1.1.225 到 200.1.1.254，最多容纳 30 台主机。

第五章 传输层

【考情分析】

　　本章是计算机考研中的必考内容，考查重点有传输层提供的服务、UDP、TCP、TCP 连接管理、TCP 可靠传输、TCP 流量控制、TCP 拥塞控制等。在计算机考研中，涉及本章内容的题型、题量、分值及高频考点如下表所示。

题型	题量	分值	高频考点
选择题	1～3 题	2～6 分	UDP TCP 数据报格式 TCP 连接管理 TCP 可靠传输 TCP 流量控制 TCP 拥塞控制
综合应用题	1 题	5～8 分	TCP 数据报格式 TCP 连接管理

【知识地图】

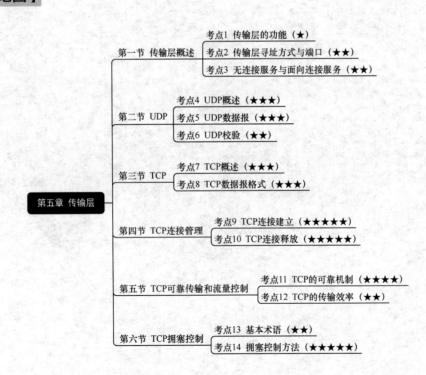

第一节 传输层概述

考点 1 传输层的功能（★）

重要程度	★
历年回顾	全国统考：无涉及 院校自主命题：无涉及

【例·选择题】传输层的数据传输任务是在两个传输实体之间传输用户数据和控制数据，一般（　　）。【模拟题】

A. 采用全双工服务，个别场合也可以采用半双工服务

B. 只采用半双工服务

C. 可以采用单工服务

D. 以上都不正确

【答案】A

【解析】本题考查传输层的工作方式。传输层的数据传输任务是在两个传输实体之间传输用户数据和控制数据，一般采用全双工服务，个别场合也可以采用半双工服务。也就是说，如果两台计算机建立了 TCP 连接，那么这两台计算机都可以同时发送数据或接收数据。

考点 2 传输层寻址方式与端口（★★）

重要程度	★★
历年回顾	全国统考：无涉及 院校自主命题：有涉及

【例1·选择题】传输层端口号分为3类，分别是（　　）。【模拟题】

A. 熟知端口号、注册端口号和临时端口号

B. 熟知端口号、注册端口号和永久端口号

C. 熟知端口号、注册端口号和客户端端口号

D. 熟知端口号、注册端口号和系统端口号

【答案】A

【解析】本题考查传输层端口号的分类。传输层端口号分为3类，分别是熟知端口号、注册端口号和临时端口号。故选项 A 为正确答案。

【例2·选择题】TCP 除了通过 IP 地址，还需要通过（　　）来区分不同的连接。【模拟题】

A. IP 地址　　　　　　　　　　B. 协议号

C. 端口号　　　　　　　　　　D. MAC 地址

【答案】C

【解析】本题考查传输层的寻址方式。在 TCP/IP 中，通过 IP 地址和端口号来区分不同的连接。

【例3·选择题】关于端口描述，正确的是（　　）。【2017年重庆大学】

A. TCP 和 UDP 共享端口空间

B. TCP 使用端口，UDP 不使用端口

C. TCP 不使用端口，UDP 使用端口

D. TCP 和 UDP 各自有独立的端口空间

【答案】D

【解析】本题考查 TCP 和 UDP 的端口使用情况。传输层完成端到端传输依靠的是套接字（IP 地址＋端口号），因此无论哪个协议都需要端口号。如果 TCP 和 UDP 共用端口，一旦某台主机同时使用 TCP 和 UDP，就可能会出现冲突。

考点3　无连接服务与面向连接服务（★★）

重要程度	★★
历年回顾	全国统考：无涉及 院校自主命题：无涉及

【例·选择题】下列关于 TCP 和 UDP 的说法正确的是（　　）。【模拟题】

A. TCP 和 UDP 均是面向连接的

B. TCP 和 UDP 均是面向无连接的

C. TCP 是面向连接的，UDP 是面向无连接的

D. UDP 是面向连接的，TCP 是面向无连接的

【答案】C

【解析】本题考查 TCP 与 UDP 是否面向连接的区分。传输层有两个主要的协议：TCP 和 UDP。它们都有复用和分用，以及检错的功能。当传输层采用面向连接的 TCP 时，尽管下面的网络是不可靠的（只提供尽最大努力服务），但这种逻辑通信信道就相当于一条全双工通信的可靠信道。当传输层采用无连接的 UDP 时，这种逻辑通信信道仍然是一条不可靠信道。

第二节　UDP

考点4　UDP 概述（★★★）

重要程度	★★★
历年回顾	全国统考：2014年选择题 院校自主命题：有涉及

【例1·选择题】如果用户程序使用 UDP 进行数据传输，那么（　　）协议必须承担可靠性方面的全部工作。【2016年沈阳工业大学】

A. 数据链路层　　　　　　　　　B. 网络层

C. 传输层　　　　　　　　　　　D. 应用层

【答案】D

【解析】本题考查 UDP 的特点。传输层的 UDP 提供最大努力的交付，但不保证可靠性，这种情况下数据的可靠性应该由其上层，即应用层协议来保证。所以选项 D 是正确答案。

【例 2·选择题】如果用户应用程序使用 UDP 进行数据传输，那么（　　）必须承担可靠性方面的全部工作。【2015 年桂林电子科技大学】

　　A. 数据链路层程序　　　　　　　　B. 互联网层程序
　　C. 传输层程序　　　　　　　　　　D. 用户应用程序

【答案】D

【解析】本题考查 UDP 的特点。传输层的 UDP 提供的是无连接的、不可靠的服务，所以用户应用程序使用 UDP 传输数据时无法保证可靠性，因此它还要承担可靠性方面的全部工作。故选项 D 为正确答案。

【例 3·选择题】下列关于 UDP 的叙述中，正确的是（　　）。【2014 年全国统考】

　　Ⅰ. 提供无连接服务
　　Ⅱ. 提供复用 / 分用服务
　　Ⅲ. 通过差错校验，保障可靠数据传输

　　A. 仅 Ⅰ　　　　　　　　　　　　　B. Ⅰ、Ⅱ
　　C. Ⅱ、Ⅲ　　　　　　　　　　　　D. Ⅰ、Ⅱ、Ⅲ

【答案】B

【解析】本题考查 UDP 的功能和特点。UDP 提供的是无连接的服务，Ⅰ 正确；UDP 使用端口来提供复用 / 分用服务，Ⅱ 正确；UDP 虽然有差错校验机制，但只是检验数据在传输的过程中有没有差错，如果有差错就将差错的数据直接丢弃，并没有重传机制，不能保证可靠传输，Ⅲ 错误。故选项 B 为正确答案。

考点 5　UDP 数据报（★★★）

重要程度	★★★
历年回顾	全国统考：2018 年选择题 院校自主命题：有涉及

【例 1·选择题】UDP 数据报的最小长度为（　　）。【模拟题】

　　A. 2B　　　　　B. 6B　　　　　C. 8B　　　　　D. 16B

【答案】C

【解析】本题考查 UDP 数据报格式。UDP 首部包括 2B 的源端口号、2B 的目的端口号、2B 的数据报的长度（长度的最小值是 8，此时仅有首部而没有数据部分）、2B 的校验和。

【例 2·选择题】UDP 实现分用（demultiplexing）时所依据的首部字段是（　　）。【2018 年全国统考】

　　A. 源端口号　　　B. 目的端口号　　　C. 长度　　　D. 校验和

【答案】B

【解析】本题考查 UDP 的首部字段。传输层的复用/分用功能是通过端口来实现的。分用是指从网络层取得数据后，根据数据块的首部信息将数据交付到正确的进程的过程。传输层使用端口号区分各种不同的应用程序。当传输层从网络层收到 UDP 数据报时，就根据首部中的目的端口把 UDP 数据报通过相应端口上交应用进程。在 UDP 首部字段中，源端口号字段在需要对方回信时选用，不需要时可用全 0；目的端口号字段在终点交付报文时必须要使用到；长度字段表示数据报的总长度（包括首部）；校验和字段用来检测 UDP 数据报在传输中是否有错（有错就丢弃）。综上，选项 B 为正确答案。

【例 3·选择题】UDP 数据报比 IP 数据报多提供了（　　）服务。【2018 年华中科技大学】
A. 流量控制　　　　　　　　B. 拥塞控制
C. 端口功能　　　　　　　　D. 路由转发

【答案】C

【解析】本题考查 UDP 数据报格式。UDP 和 IP 虽然都是数据报协议，但二者还是有差别的。其中最大的差别就是 IP 数据报只能找到目的主机而无法找到目的进程，而 UDP 通过端口的复用/分用功能，可以将数据报递交给对应的进程。所以，选项 C 为正确答案。

考点 6　UDP 校验（★★）

重要程度	★★
历年回顾	全国统考：2024 年选择题 院校自主命题：无涉及

【例·选择题】下列用于计算 UDP 校验和字段值的（　　）不属于 UDP 数据报中的内容。【模拟题】
A. UDP 伪首部　　　　　　　B. UDP 数据部分
C. UDP 长度　　　　　　　　D. UDP 源端口号

【答案】A

【解析】本题考查 UDP 校验和的计算方式。计算 UDP 校验和的字段值时要用到 UDP 伪首部、UDP 首部和 UDP 数据部分。其中，UDP 伪首部都是在计算 UDP 校验和字段值时临时生成的，不属于 UDP 数据报中的内容。

第三节　TCP

考点 7　TCP 概述（★★★）

重要程度	★★★
历年回顾	全国统考：无涉及 院校自主命题：有涉及

【例1·选择题】下列关于 TCP 的叙述中，正确的是（   ）。【2016 年沈阳工业大学】

Ⅰ．TCP 是一个点到点的通信协议

Ⅱ．TCP 提供了无连接的可靠数据传输

Ⅲ．TCP 将来自上层的字节流组织成 IP 数据报，然后交给 IP

Ⅳ．TCP 将收到的报文段组成字节流交给上层

A．Ⅰ、Ⅱ、Ⅳ　　　　　　　　　　　B．Ⅰ、Ⅲ

C．仅Ⅳ　　　　　　　　　　　　　　D．Ⅲ、Ⅳ

【答案】C

【解析】本题考查 TCP 的基本信息。TCP 在网络层的基础上，向应用层提供面向连接的、可靠的、全双工的、端到端的数据流传输服务，所以 TCP 是一个端到端的通信协议（而 IP 是点到点的通信协议），Ⅰ、Ⅱ错误。IP 数据报由网络层数据加上 IP 数据报的首部构成，不是由上层字节流组成的，Ⅲ错误。TCP 通过可靠的传输连接将收到的报文段组成字节流，然后交给上层的应用进程，这就为应用进程提供了有序、无差错、不重复和无报文丢失的流传输服务，Ⅳ正确。综上，选项 C 为正确答案。

【例2·选择题】关于主机和路由器，以下说法错误的是（   ）。【模拟题】

A．路由器必须实现 TCP　　　　　　B．主机通常需要实现 TCP

C．主机通常需要实现 IP　　　　　　D．路由器必须实现 IP

【答案】A

【解析】本题考查 TCP 的工作层。主机作为终端设备，需要实现 TCP/IP 的所有层协议，而路由器作为网络层设备，仅实现物理层、数据链路层和网络层 3 层的协议即可。TCP 是传输层协议，因此路由器不需要。故选项 A 为正确答案。

【例3·选择题】下列选项中，传输层协议使用 TCP 的是（   ）。【模拟题】

A．DNS　　　　　　　　　　　　　　B．RIP

C．TELNET　　　　　　　　　　　　D．TFTP

【答案】C

【解析】本题考查应用层和传输层之间交互的协议。DNS、RIP 和 TFTP 都是使用 UDP 传输的，只有 TELNET 使用 TCP 传输。故选项 C 为正确答案。

考点 8　TCP 数据报格式（★★★）

重要程度	★★★
历年回顾	全国统考：2009 年选择题 院校自主命题：无涉及

【例1·选择题】下列选项中，TCP 首部中有但是 UDP 首部中没有的是（   ）。【模拟题】

A．目的端口号　　　B．源端口号　　　C．校验号　　　D．序号

【答案】D

【解析】本题考查 TCP 和 UDP 的首部结构。TCP 数据报和 UDP 数据报都包含源端口号、目的端口号、校验号。但是由于 UDP 是不可靠的传输，不需要对报文编号，所以不会有序号这一字段；而 TCP 是可靠的传输，故需要设置序号这一字段。所以选项 D 为正确答案。

【例 2·选择题】主机甲与主机乙之间已建立一个 TCP 连接，主机甲向主机乙发送了两个连续的 TCP 段，分别包含 300B 和 500B 的有效载荷，第一个段的序号为 200，主机乙正确接收到这两个数据段后，发送给主机甲的确认序号是（　　）。【2009 年全国统考】

A. 500　　　　　B. 700　　　　　C. 800　　　　　D. 1000

【答案】D

【解析】本题考查 TCP 首部中序号的相关知识。主机甲和主机乙之间的 TCP 连接已经建立，并选择了第一个段的初始序号为 200，所以连续发送 300B 的序号范围为 200～499、发送 500B 的序号范围为 500～999，主机乙正确接收了这两个数据段（序号范围为 200～999）。确认序号是期望收到对方下一个报文段的第一个数据字节的序号。注意，若确认序号为 N，则表明到序号 N-1（这里是 999）为止的所有数据报都已正确收到。显然这里的 N 应该为 1000。综上，选项 D 为正确答案。

第四节　TCP 连接管理

考点 9　TCP 连接建立（★★★★★）

重要程度	★★★★★
历年回顾	全国统考：2017 年、2019 年、2024 年选择题 院校自主命题：有涉及

【例 1·选择题】若甲向乙发起一个 TCP 连接，最大段长 MSS = 1KB，RTT = 5ms，乙开辟的接收缓存为 64KB，则甲从连接建立成功至发送窗口达到 32KB，需经过的时间至少是（　　）。【2017 年全国统考】

A. 25ms　　　　　B. 30ms　　　　　C. 160ms　　　　　D. 165ms

【答案】A

【解析】本题考查 TCP 连接建立的"三次握手"机制。根据慢开始算法，TCP 要求发送端维护两个窗口，即接收窗口 rwnd 和拥塞窗口 cwnd。发送窗口的上限值 = min[rwnd，cwnd]。根据题意，初始拥塞窗口为最大段长 1KB，每经过 1 个 RTT（RTT = 5ms），拥塞窗口翻倍，因此需要至少 5 个 RTT（5×5ms = 25ms），发送窗口才能达到 32KB（2^5×1KB=32KB）。故选项 A 为正确答案。

【例 2·选择题】若主机甲主动发起一个与主机乙的 TCP 连接，甲、乙选择的初始序号分别为 2018 和 2046，则第三次握手 TCP 段的确认序号是（　　）。【2019 年全国统考】

A. 2018　　　　　B. 2019　　　　　C. 2046　　　　　D. 2047

【答案】D

【解析】本题考查 TCP 连接建立的"三次握手"机制。用"三次握手"建立连接的过程中，第一次握手时，主机甲选择的初始序号为 2018，表明在后面传输数据时的第一个数据字节的序号=2018+1 = 2019。第二次握手时，主机乙同意建立连接，因此发回确认，确认序号=2018+1 = 2019，同时选择自己的一个确认序号 2046。第三次握手时，主机甲收到主机乙的确认后，还要向主机乙给出确认，确认序号 =2046+1 = 2047，而自己的序号为 2019，则第三次握手 TCP 段的确认序号应为 2047。所以选项 D 为正确答案。

【例 3·选择题】TCP 的三次握手中，（　　）从连接请求段发送的，（　　）从连接接收方发送的。【2018 年北京工业大学】

A. 有一次是，有两次是　　　　　　B. 没有，三次都是
C. 有两次是，有一次是　　　　　　D. 三次都是，没有

【答案】C

【解析】本题考查 TCP 连接建立的"三次握手"机制。TCP"三次握手"的原理：①发送方（客户端）向接收方（服务器）发送建立连接的请求报文；②接收方向发送方回应一个对建立连接的请求报文的确认报文；③发送方再向接收方发送一个对确认报文的确认报文。由此可见选项 C 为正确答案。

📎 知识链接　下图为 TCP 三次握手的过程，考生需要熟记此过程。

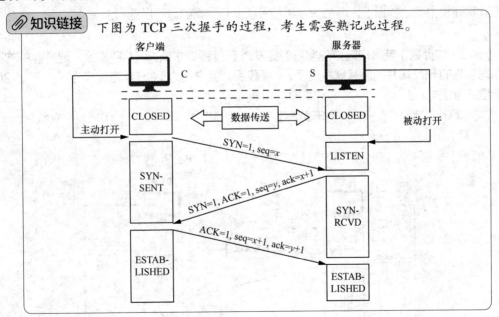

考点 10　TCP 连接释放（★★★★★）

重要程度	★★★★★
历年回顾	全国统考：2021 年、2022 年选择题 院校自主命题：有涉及

【例 1·选择题】TCP 在连接关闭的过程中，为了避免陈旧的 TCP 报文段对后续连接产生错误干扰而使用的状态是（　　）。【2017 年南京大学】

A. TIME-WAIT　　B. FIN-WAIT-1　　C. FIN-WAIT-2　　D. CLOSED

【答案】A

【解析】本题考查 TCP 连接释放过程中连接关闭的相关知识。在 TCP 连接释放阶段，主动发起释放连接的一方（如客户端 A）在 TIME-WAIT 状态必须等待 2MSL（最长报文段寿命）的时间，才能真正进入 CLOSED 状态，其中的一个主要原因就是防止"已失效的连接请求报文段"出现在本连接中。客户端 A 在发送完最后一个 ACK 报文段后，再经过 2MSL，就可以使本连接持续时间内所产生的所有报文段都从网络中消失。这样就可以使下一个新的连接中不会出现这种旧的连接请求报文段。所以选项 A 是正确答案。

【例 2 · 选择题】下列关于 TCP 连接释放过程，叙述不正确的是（　　）。【2018 年杭州电子科技大学】

　A. 通过设置 FIN 来表示释放连接

　B. 当一方释放连接后另一方即不能继续发送数据

　C. 只有双方均释放连接后，该连接才被释放

　D. 释放连接采用了改进的"三次握手"机制

【答案】B

【解析】本题考查 TCP 连接释放过程。当一方释放连接（发送 FIN）时只是表明这一方不会在此次连接中发送数据了，而另一方还是可以发送数据的。所以选项 B 错误。

【例 3 · 选择题】若客户端首先向服务器发送 FIN 段请求断开 TCP 连接，则当客户端收到服务器发送的 FIN 段并向服务器发送了 ACK 段后，客户端的 TCP 状态转换为（　　）。【2021 年全国统考】

　A. CLOSE-WAIT　　B. TIME-WAIT　　C. FIN-WAIT-1　　D. FIN-WAIT-2

【答案】B

【解析】本题考查 TCP 连接释放过程的状态转换。TCP 连接释放过程如下图所示。

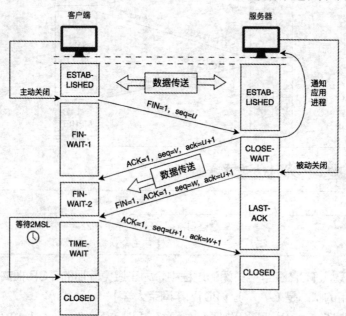

当客户端收到服务器发送的 FIN 段并向服务器发送 ACK 段后，客户端的 TCP 状态变为 TIME-WAIT，此时 TCP 连接还未释放，必须经过 2MSL（最长报文段寿命）的时间后，客户端才进入 CLOSED 状态。

【例 4·选择题】假设客户端 C 和服务器 S 已建立一个 TCP 连接，通信往返时间（RTT）为 50ms，最长报文段寿命（MSL）为 800ms，数据传输结束后，客户端 C 主动请求断开连接。若从客户端 C 主动向服务器 S 发出 FIN 段时刻算起，则客户端 C 和服务器 S 进入 CLOSED 状态所需的时间至少分别是（　　）。【2022 年全国统考】

  A. 850ms、50ms   B. 1650ms、50ms
  C. 850ms、75ms   D. 1650ms、75ms

【答案】D

【解析】本题考查 TCP 连接释放的时间。题目问的是最少时间，所以当服务器 S 收到客户端 C 发送的 FIN 段请求后不再发送数据，而是立马发送 FIN 段请求。客户端 C 收到服务器 S 发来的 FIN 段后，进入 CLOSED 状态还需等待 2MSL 的时间，最少用时 =1RTT + 2MSL = 50 + 800 × 2 = 1650(ms)。服务器 S 进入 CLOSED 状态需要经过 3 次 FIN 段的传输时间，即 1.5RTT = 75(ms)。

第五节　TCP 可靠传输和流量控制

考点 11　TCP 的可靠机制（★★★★）

重要程度	★★★★
历年回顾	全国统考：2011 年、2013 年、2019 年、2021 年选择题 院校自主命题：有涉及

【例 1·选择题】主机甲与主机乙之间已建立一个 TCP 连接，主机甲向主机乙发送了 3 个连续的 TCP 段，分别包含 300B、400B 和 500B 的有效载荷，第三个段的序号为 900。若主机乙仅正确接收到第一个段和第三个段，则主机乙发送给主机甲的确认序号是（　　）。【2011 年全国统考】

  A. 300   B. 500
  C. 1200   D. 1400

【答案】B

【解析】本题考查 TCP 首部确认序号实现的可靠传输。TCP 首部的序号字段是指本报文段数据部分的第一个字节的序号，而确认序号是期望收到对方下一个报文段的第一个字节的序号。根据题意，第三个段的序号为 900，包含 500B 的有效载荷，所以第三个段的序号范围为 900 ~ 1399；第二个段的有效载荷为 400B，从第三个段向前，第二个段的序号范围为 500 ~ 899；第一个段的有效载荷为 300B，从第二个段向前，第一个段的序号范围为 200 ~ 499。因为主机乙仅正确接收到第一个段和第三个段，所以主机期望收到第二个段，确认序号为 500，即第二个段的第一个字节的序号。所以，选项 B 为正确答案。

【例2·选择题】主机甲与主机乙之间已建立一个 TCP 连接，双方持续有数据传输，且数据无差错无丢失。若甲收到一个来自乙的 TCP 段，该段的序号为 1913，确认序号为 2046，有效载荷为 100 字节，则甲立即发送给乙的 TCP 段的序号和确认序号分别是（　　）。【2013年全国统考】

    A. 2046、2012   B. 2046、2013
    C. 2047、2012   D. 2047、2013

【答案】B

【解析】本题考查报文段序号和确认序号实现的可靠传输机制。来自乙的确认序号为 2046，即乙期望收到来自甲的报文段的序号，乙的序号为 1913，有效载荷为 100 字节，故再次发送给甲的报文段序号为 1913+100=2013，而这恰恰是甲所期望的从乙收到的报文段的序号，即确认序号。

【例3·选择题】某客户端通过一个 TCP 连接向服务器发送数据的部分过程如下图所示。客户端在 t_0 时刻第一次收到确认序号 ack_seq = 100 的段，并发送序号 seq = 100 的段，但发生丢失。若 TCP 支持快速重传，则客户端重新发送 seq = 100 段的时刻是（　　）。【2019年全国统考】

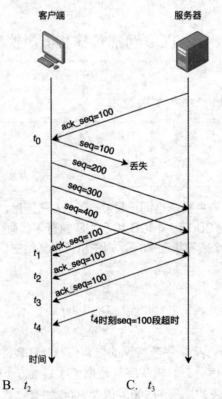

    A. t_1 B. t_2 C. t_3 D. t_4

【答案】C

【解析】本题考查 TCP 连接的快速重传算法。快速重传算法要求接收方每收到一个失序的报文段后就立即发出重复确认，这样可以让发送方尽早知道有报文段没有到达接收方。发送方只要接连收到 3 个重复确认，就应当立即重传接收方尚未收到的报文段。题图中在 t_3 时刻，发送方连续收到 3 个重复确认 ack_seq = 100，所以此刻应立即重新发送 seq = 100 段。因此选项 C 是正确答案。

【例 4 · 选择题】假设主机甲通过 TCP 向主机乙发送数据，部分过程如下图所示。甲在 t_0 时刻发送了一个序号 seq = 501、封装 200B 数据的段，在 t_1 时刻收到乙发送的序号 seq = 601、确认序号 ack_seq = 501、接收窗口 rcvwnd = 500B 的段，则主机甲在未收到新的确认段之前，可以继续向主机乙发送的数据序号范围是（　　）。【2021 年全国统考】

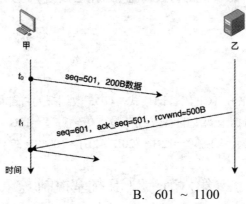

A. 501 ~ 1000　　　　　　　　　B. 601 ~ 1100
C. 701 ~ 1000　　　　　　　　　D. 801 ~ 1100

【答案】C

【解析】本题考查 TCP 的可靠机制。主机甲发送完 200B 报文段后，继续发送的报文段中序号字段 seq=701。由于主机乙告知接收窗口 rcvwnd 为 500B，且主机甲未收到主机乙对 seq=501 报文段的确认，那么主机甲还能发送的报文段的字节为 300B（500B-200B=300B），因此主机甲在未收到新的确认段之前，还能发送的数据序号范围是 701 ~ 1000。

【例 5 · 选择题】下列关于 TCP 滑动窗口机制的叙述中，正确的是（　　）。【2013 年南京大学】

A. 表示滑动窗口大小的字段包含 3 位
B. 滑动窗口大小在 TCP 连接过程中不再调整
C. 滑动窗口仅用于端到端的流量控制
D. 滑动窗口大小为 0 是合法的

【答案】D

【解析】本题考查 TCP 的滑动窗口机制。TCP 中的窗口字段占 2B，即 16 位，选项 A 错误；TCP 连接过程中，滑动窗口大小根据传输数据的多少也会发生变化，选项 B 错误；对于数据链路层来说，利用滑动窗口进行流量控制来控制的是相邻两个节点间数据链路上的流量，而对于传输层来说，利用滑动窗口进行流量控制来控制的是端到端的流量，选项 C 错误；滑动窗口大小可以为 0。当接收方的滑动窗口大小变为 0 后，也就是接收到发送方滑动窗口中的全部数据后，会将最后一个字节序号 +1 作为确认序号返回发送方，选项 D 正确。

考点 12　TCP 的传输效率（★★）

重要程度	★★
历年回顾	全国统考：2021 年选择题 院校自主命题：无涉及

【例·选择题】若大小为 12B 的应用层数据通过 1 个 UDP 数据报和 1 个 TCP 段传输，则该 UDP 数据报和 TCP 段实现的有效载荷（应用层数据）最大传输效率分别是（　　）。【2021 年全国统考】

  A．37.5%、16.7%　　　　　　　　　　B．37.5%、37.5%
  C．60%、16.7%　　　　　　　　　　　D．60%、37.5%

【答案】D

【解析】本题考查 UDP 和 TCP 的首部格式。UDP 数据报的首部最小是 8B，TCP 段的首部最小是 20B，因此 UDP 数据报实现的有效载荷最大传输效率 =12B ÷ (8B+12B) × 100%= 60%；TCP 段实现的有效载荷最大传输效率 =12B ÷ (20B+12B) × 100% = 37.5%。

第六节　TCP 拥塞控制

考点 13　基本术语（★★）

重要程度	★★
历年回顾	全国统考：无涉及 院校自主命题：有涉及

【例 1·选择题】假设一个连接的最大数据段长度为 1KB，一个 TCP 的阈值为 36KB，如果这时候传输发生了超时，那么新的阈值为（　　）。【模拟题】

  A．36KB　　　　B．18KB　　　　C．72KB　　　　D．1KB

【答案】B

【解析】本题考查 TCP 阈值更新机制。当发生了超时的情况时，TCP 的阈值将会减半，36KB 的一半为 18KB。故选项 B 为正确答案。

【例 2·选择题】TCP 中发送窗口的大小应该是（　　）。【2018 年华中科技大学】

  A．通知窗口的大小
  B．拥塞窗口的大小
  C．通知窗口和拥塞窗口中较小的一个
  D．通知窗口和拥塞窗口中较大的一个

【答案】C

【解析】本题考查 TCP 发送窗口的计算方法。TCP 要求发送端维护两个窗口，即接收窗口 rwnd 和拥塞窗口 cwnd。发送窗口的上限值 = min[rwnd, cwnd]，这里的 rwnd 和选项中的通知窗口作用相同，都是接收端告诉发送端它可以接收多少字节的数据。所以选项 C 为正确答案。

考点14 拥塞控制方法（★★★★★）

重要程度	★★★★★
历年回顾	全国统考：2009年、2010年、2014年、2020年、2022年选择题 院校自主命题：有涉及

【例1·选择题】一个TCP连接总是以1KB的最大段长发送TCP段，发送方有足够多的数据要发送，当拥塞窗口为16KB时发生了超时，如果接下来的4个RTT（往返时间）内的TCP段的传输都是成功的，那么当第4个RTT内发送的所有TCP段都得到肯定应答时，拥塞窗口大小是（　　）。【2009年全国统考】

A. 7KB　　　　　　　　　　B. 8KB
C. 9KB　　　　　　　　　　D. 16KB

【答案】C

【解析】本题考查拥塞控制中拥塞窗口大小的计算。在拥塞控制的4种算法中，TCP要求发送端维护两个窗口，即接收窗口rwnd和拥塞窗口cwnd。发送端的发送窗口不能超过rwnd和cwnd中的最小值。无论在慢开始阶段还是拥塞避免阶段，只要发送方没有按时收到确认就判断网络出现拥塞，就要把慢开始门限值设置为出现拥塞时的发送窗口值的一半，然后把拥塞窗口重新设置为1，执行慢开始算法。

依据题意，当发生超时时，拥塞窗口大小为16KB，慢开始门限值将变成8KB，发送窗口变为1KB，而且题中提到"如果接下来的4个RTT（往返时间）内的TCP段的传输都是成功的"，这就排除了快重传和快恢复的可能。所以，接下来要执行慢开始算法。每经过一个传输轮次，拥塞窗口就加倍，所以，第1次RTT结束，拥塞窗口为2KB；第2次RTT结束，拥塞窗口为4KB；第3次RTT结束，拥塞窗口为8KB。此时，拥塞窗口和慢开始门限值相等，因此此时结束使用慢开始算法，开始执行拥塞避免算法（加法增大），故第4次RTT结束时，拥塞窗口为9KB（8KB+1KB=9KB）。所以选项C为正确答案。

【例2·选择题】主机甲和主机乙之间已建立了一个TCP连接，TCP最大段长度为1000B。若主机甲的当前拥塞窗口为4000B，在主机甲向主机乙连续发送两个最大段后，成功收到主机乙发送的第一个段的确认段，确认段中通告的接收窗口大小为2000B，则此时主机甲还可以向主机乙发送的最大字节数是（　　）。【2010年全国统考】

A. 1000　　　　　　　　　　B. 2000
C. 3000　　　　　　　　　　D. 4000

【答案】A

【解析】本题考查TCP发送窗口的计算方法。TCP要求发送端维护两个窗口，即接收窗口rwnd和拥塞窗口cwnd。发送端的发送窗口不能超过rwnd和cwnd中的最小值，即发送窗口的上限值 = min[rwnd，cwnd]。根据题意，当前cwnd = 4000B，rwnd = 2000B，于是发送窗口 = min[2000B，4000B] = 2000B。而主机甲向主机乙连续发送两个最大段后，只收到第一个段的确认段，所以此时主机甲还可以向主机乙发送的最大字节数 =2000B-1000B = 1000B。故选项A为正确答案。

【例3·选择题】若主机甲与主机乙已建立一条 TCP 连接,最大段长(MSS)为 1KB,往返时间(RTT)为 2ms,则在不出现拥塞的前提下,拥塞窗口从 8KB 增长到 32KB 所需的最长时间是( )。【2020 年全国统考】

A. 4ms
B. 8ms
C. 24ms
D. 48ms

【答案】D

【解析】本题考查拥塞窗口增长时间的计算。由于慢开始门限值可以根据需求设置,为了求拥塞窗口从 8KB 增长到 32KB 所需的最长时间,可以假定慢开始门限值小于等于 8KB,只要不出现拥塞,拥塞窗口就都是加法增大,每经历一个传输轮次,拥塞窗口就会加 1,所以所需最长时间 =(32−8)× 2ms=48ms。

【例4·选择题】假设主机甲和主机乙已建立一个 TCP 连接,最大段长 MSS=1KB,甲一直有数据向乙发送,当甲的拥塞窗口为 16KB 时,计时器发生了超时,则甲的拥塞窗口再次增长到 16KB 所需要的时间至少是( )。【2022 年全国统考】

A. 4RTT
B. 5RTT
C. 11RTT
D. 16RTT

【答案】C

【解析】本题考查 TCP 拥塞控制和慢开始。当超时时,慢开始门限值会变为拥塞窗口的一半,即 8KB,从 1KB 慢开始增长到 8KB 经历 3 个 RTT,然后每次增加 1KB 直到达到 16KB,再经历 8 个 RTT,所以当超时时,增长至 16KB 最短需要经历 11(3+8=11)个 RTT。

解题技巧 此种题目画表解答更清晰,如下表所示。

时刻	0	1	2	3	4	5	6	7	8	9	10	11
拥塞窗口	1	2	4	8	9	10	11	12	13	14	15	16

【例5·选择题】假设在没有发生拥塞的情况下,在一条 RTT(往返时间)为 10ms 的线路上采用慢启动拥塞控制策略。如果接收窗口的大小为 24KB,最大报文段 MSS 为 2KB,那么需要( )ms 才能发送第一个完全窗口。【2013 年黑龙江大学】

A. 30
B. 40
C. 50
D. 60

【答案】B

【解析】本题考查拥塞控制策略发送时间的计算。TCP 慢启动策略发送窗口的初始值为报文段的最大长度 2KB(拥塞窗口的初始值),然后经历 1、2、3 个 RTT 后,按指数增大依次到 4KB、8KB 和 16KB,接下来是接收窗口的大小 24KB(注意不是 32KB,此时用的是拥塞窗口和接收窗口的较小值 24KB),即达到第一个完全窗口,因此发送第一个完全窗口所需时间为 4 倍的 RTT,即 40ms。所以选项 B 为正确答案。

过关练习

选择题

1. 下列说法中，错误的是（　　）。【模拟题】
   Ⅰ．TCP 不支持广播服务
   Ⅱ．如果用户程序使用 UDP，则应用层必须承担数据传输的可靠性
   Ⅲ．UDP 数据报首部包含 UDP 源端口号、UDP 目的端口号、UDP 数据报首部长度与校验和
   Ⅳ．TCP 采用的滑动窗口协议能够解决拥塞控制问题
   A. Ⅲ、Ⅳ
   B. Ⅱ、Ⅲ
   C. Ⅰ、Ⅲ
   D. Ⅰ、Ⅲ、Ⅳ

2. 以下字段中，TCP 首部和 UDP 首部都有的字段为（　　）。【模拟题】
   Ⅰ．目的端口号
   Ⅱ．序号
   Ⅲ．源端口号
   Ⅳ．校验号
   A. Ⅰ、Ⅱ、Ⅳ　　　　　　　　　　　B. Ⅰ、Ⅱ、Ⅲ
   C. Ⅱ、Ⅲ　　　　　　　　　　　　　D. Ⅰ、Ⅲ、Ⅳ

3. 在 TCP 中，当主动方发出 SYN 连接请求后，等待对方回答的是（　　）。【模拟题】
   A. SYN，ACK　　　　　　　　　　　B. FIN，ACK
   C. PSH，ACK　　　　　　　　　　　D. RST，ACK

4. TCP 中，发送方发送报文的初始序号分别为 X 和 Y，在第一次握手时发送方发送给接收方的报文中，正确的字段是（　　）。【模拟题】
   A. SYN = 1，seq = X
   B. SYN = 1，seq = $X+1$，ACK_X = 1
   C. SYN = 1，seq = Y
   D. SYN = 1，seq = Y，ACK_{Y+1} = 1

5. 主机甲向主机乙发送一个（SYN=1，seq = 11220）的 TCP 段，期望与主机乙建立 TCP 连接，若主机乙接受该连接请求，则主机乙向主机甲发送的正确的 TCP 段可能是（　　）。【2011 年全国统考】
   A. SYN = 0，ACK = 0，seq = 11221，ACK = 11221
   B. SYN = 1，ACK = 1，seq = 11220，ACK = 11220

C. SYN = 1，ACK = 1，seq = 11221，ACK = 11221

D. SYN = 0，ACK = 0，seq = 11220，ACK = 11220

6. 若主机甲与主机乙建立 TCP 连接时，发送的 SYN 段中的序号为 1000，在断开连接时，主机甲发送给主机乙的 FIN 段中的序号为 5001，则在无任何重传的情况下，主机甲向主机乙已经发送的应用层数据的字节数为（　　）。【2020 年全国统考】

  A. 4002   B. 4001

  C. 4000   D. 3999

7. TCP 是互联网中的传输层协议，TCP 进行流量控制的方式是＿＿＿＿，当 TCP 实体发出连接请求（SYN）后，等待对方的＿＿＿＿。（　　）【模拟题】

  A. 使用停止—等待协议，RST

  B. 使用后退 N 帧（GBN）协议，FIN、ACK

  C. 使用固定大小的滑动窗口协议，SYN

  D. 使用可变大小的滑动窗口协议，SYN、ACK

8. 一个 TCP 连接使用 256kbit/s 的链路，其端到端时延为 128ms，经测试发现吞吐量只有 128kbit/s，忽略 PDU 封装的协议开销及接收方应答分组的发射时间，可以计算出窗口大小为（　　）。【模拟题】

  A. 1024B   B. 8192B

  C. 10KB   D. 128KB

9. 某网络允许的最大报文段的长度为 128B，序号用 8bit 表示，报文段在网络中的寿命为 30s，则每一条 TCP 连接所能达到的最大速率为（　　）。【模拟题】

  A. 4.6kbit/s   B. 189kbit/s

  C. 8.7kbit/s   D. 256kbit/s

10. 有一个 TCP 连接，当其拥塞窗口为 64 个分组大小时超时。假设网络的 RTT 是固定的 3s，不考虑比特开销，即分组不丢失，则系统在超时后处于慢启动阶段的时间是（　　）。【模拟题】

  A. 12s   B. 15s   C. 18s   D. 21s

11. A 和 B 建立 TCP 连接，最大报文段大小（MSS）为 1KB。某时，慢开始门限值为 2KB，A 的拥塞窗口为 4KB，在接下来的一个 RTT 内，A 向 B 发送了 4KB 的数据（TCP 的数据部分），并且得到了 B 的确认，确认报文中窗口字段的值为 2KB。请问在下一个 RTT 中，A 最多能向 B 发送（　　）数据。【模拟题】

  A. 2KB   B. 4KB   C. 5KB   D. 8KB

综合应用题

12. 一个 TCP 首部的数据信息（十六进制表示）为 0x 0D 28 00 15 50 5F A9 06 00 00 00 00 70 02 40 00 C0 29 00 00。TCP 首部的格式如下图所示。【模拟题】

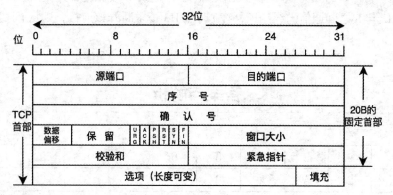

请回答下列问题。
（1）源端口号和目的端口号各是多少？
（2）发送的序号是多少？确认序号是多少？
（3）TCP 首部的长度是多少？
（4）这是一个使用什么协议的 TCP 连接？该 TCP 连接的状态是什么？

13. 假设下图中的 H3 访问 Web 服务器 S 时，S 为新建的 TCP 连接分配了 20KB（K=1024）的接收缓存，最大段长 MSS = 1KB，平均往返时间 RTT = 200ms。H3 建立连接时的初始序号为 100，且持续以 MSS 大小的段向 S 发送数据，拥塞窗口初始阈值为 32KB；S 对收到的每个段进行确认，并通告新的接收窗口。假定 TCP 连接建立完成后，S 端的 TCP 接收缓存仅有数据存入而无数据取出。【2016 年全国统考】

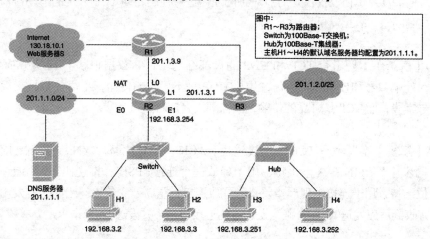

请回答下列问题。
（1）在 TCP 连接建立过程中，H3 收到的 S 发送过来的第二次握手 TCP 段的 SYN 和 ACK 标志位的值分别是多少？确认序号是多少？

（2）H3 收到的第 8 个确认段所通告的接收窗口是多少？此时 H3 的拥塞窗口变为多少？H3 的发送窗口变为多少？

（3）当 H3 的发送窗口等于 0 时，下一个待发送的数据段序号是多少？H3 从发送第 1 个数据段到发送窗口等于 0 时刻为止，平均数据传输速率是多少（忽略段的传输延时）？

（4）若 H3 与 S 之间通信已经结束，在 t 时刻 H3 请求断开该连接，则从 t 时刻起，S 释放该连接的最短时间是多少？

答案与解析

题号	1	2	3	4	5	6	7	8	9	10	11
答案	A	D	A	A	C	C	D	B	C	B	A

1. A【解析】本题考查 TCP 和 UDP 的基本概念。

TCP 提供面向连接的、全双工的、可靠的字节流服务，并不支持广播，故 I 正确。

传输层协议主要包括创建进程到进程的通信、提供流量控制机制。UDP 使用端口号完成进程到进程的通信，但在收到用户数据报时没有流量控制的机制，也没有确认，而只是提供有限的差错控制，因此 UDP 是一个无连接、不可靠的协议。如果用户应用程序使用 UDP 进行数据传输，必须在传输层的上层，即应用层提供可靠性方面的全部工作，故 II 正确。

UDP 数据报的首部格式包括 UDP 源端口号、UDP 目的端口号、UDP 报文长度（2B）和校验和，不包括 UDP 数据报首部长度。因为 UDP 首部长度为固定的 8B，所以 UDP 首部长度字段可以省略，故 III 错误。

拥塞控制是一个全局性的过程，涉及所有的主机、路由器以及与降低网络传输性能有关的所有因素。而滑动窗口协议仅仅是对点对点的通信进行控制，即 TCP 采用的滑动窗口协议只能解决流量控制问题，故 IV 错误。

2. D【解析】本题考查 TCP 和 UDP 的首部结构。TCP 数据报和 UDP 数据报都包含源端口号、目的端口号和校验号。但是，由于 UDP 是不可靠的传输，不需要对报文编号，所以不会有序号字段；而 TCP 是可靠的传输，故需要设置序号这一字段。

3. A【解析】本题考查 TCP 的连接过程。ACK：确认比特；SYN：同步比特，用于建立连接时同步序号；FIN：终止比特，用于释放一个连接；PSH：推送比特，用于推送操作；RST：复位比特，用于连接出现严重差错时释放连接，重新建立传输。当发送方发出连接请求时，接收方收到后应发送 ACK 来确认发送方的连接请求，并发送 SYN 请求建立接收方的连接。

4. A【解析】本题考查 TCP 连接建立的"三次握手"机制。TCP 连接的建立采用"三次握手"机制，第一次握手时，发送方发给接收方的报文中应设定 SYN = 1、序号 = X，表明传输的第一个数据字节的序号是 X。

5. C【解析】本题考查 TCP 连接建立的过程。TCP 连接管理中，不论是连接还是释放，不论是请求还是确认，其中的同步比特 SYN、确认比特 ACK 和终止比特 FIN 的值一定是 1。本题中，主机乙向主机甲发送的确认报文段中的 SYN 和 ACK 一定是 1，所以排除选项 A 和选项 D。题中主机乙返回的确认序号是对发送方主机甲发送的 TCP 段的确认，所以返回的确认序号是主机甲发送的初始序号加 1，即 11220+1 = 11221（此时已经可判断选项 C 为正确答案）。同时，主机乙也要消耗一个 seq，seq 的值和主机甲的 seq 没有任何关系，是由乙的 TCP 进程任意给出的。故选项 C 为正确答案。

6. C【解析】本题考查 TCP 的可靠机制。主机甲与主机乙建立 TCP 连接时发送的 SYN 段中的序号为 1000，则在数据传输阶段所用的起始序号为 1001；断开连接时，主机甲发送给主机乙的 FIN 段中的序号为 5001，则在无任何重传的情况下，主机甲向主机乙已经发送的应用层数据的字节数 =5001-1001 = 4000。

7. D【解析】本题考查 TCP 流量控制的过程。在 TCP 流量控制过程中，发送方和接收方的窗口大小是可变的，流量控制就是控制发送方发送的速率，目的是让接收方来得及接收，发送方根据接收方的窗口大小来调整自己窗口的大小，因此采用的是可变大小的滑动窗口协议。在 TCP "三次握手" 的第一阶段，请求方发出连接请求（SYN = 1），并给出自己的序号 seq = X，接收方发出 SYN = 1 和 ACK = 1，表示连接确认，并请求与对方连接。

8. B【解析】本题考查 TCP 连接窗口大小的计算。来回路程的时延 =128ms × 2 = 256ms，吞吐量为 128 kbit/s，为发送速率的一半，这说明链路中，发送端只有一半的时间在发送数据，另一半的时间被时延占据，因此数据发送时间 = 来回路程的时延 = 256ms。设窗口大小为 xB，发送量等于窗口大小时，系统吞吐量等于 128 kbit/s，其发送时间为 256ms，则 $8x/(256 × 10^3)$ = $256 × 10^{-3}$，$x = 256 × 1000 × 256 × 0.001 ÷ 8 = 8192$，所以窗口大小为 8192B。

9. C【解析】本题考查 TCP 最大发送速率的计算。首先，具有相同编号的报文段不应该同时在网络中传输，必须保证当序号循环回来重复使用的时候，具有相同序号的报文段已经从网络中消失。其次，由于最大传输协议数据单元的序号为 8bit，根据滑动窗口协议，发送方最多只能发送 255 个最大传输协议数据单元，这样才能避免协议出错，那么在 30s 的时间内发送方发送的报文段的数量不能大于 255，因此可求得最大发送速率 =(255 × 128 × 8bit) ÷ 30s ≈ 8.7kbit/s。

10. B【解析】本题考查慢启动阶段的时间计算。拥塞阈值为 64 ÷ 2=32，在慢启动阶段，每经过一个传输轮次，拥塞窗口就加倍。这里用 W(t) 来表示 t 时刻的拥塞窗口，则有 W(0) = 1，W(RTT) = 2，W(2RTT) = 4，W(3RTT) = 8，W(4RTT) = 16，W(5RTT) = 32，因此系统处于慢启动阶段的时间为 5 个 RTT，即 15s。

11. A【解析】本题考查 TCP 拥塞控制中窗口大小的计算。首先，发送窗口应该在拥塞窗口和接收窗口中取最小值,所以本题的关键点在于求本 RTT 内拥塞窗口和接收窗口的大小。在接下来的 1 个 RTT 内,A 向 B 发送了 4KB 的数据,且此时拥塞窗口为 4KB,按照拥塞避免算法(因为此时拥塞窗口大于慢开始门限值,所以采用拥塞避免算法),收到 B 的确认报文后,拥塞窗口增加到 5KB。另外,B 发送给 A 的确认报文中窗口字段的值为 2KB,故此时接收窗口的大小为 2KB,所以在下一个 RTT 中,A 最多能向 B 发送 2KB 数据。

12.【答案】(1) 源端口号为第 1、2 个字节,即 0D 28,转换为十进制数为 3368。目的端口号为第 3、4 个字节,即 00 15,转换为十进制数为 21。

(2) 第 5~8 个字节为序号,即 50 5F A9 06。第 9~12 个字节为确认序号,即 00 00 00 00,转换为十进制数为 0。

(3) 第 13 个字节的前 4 位为 TCP 首部的长度,这里的值是 7 (以 4B 为单位),因此乘以 4 后得到 TCP 首部的长度为 28B,说明该 TCP 首部还有 8B 的选项数据。

(4) 根据目的端口号是 21 可知这是一条 FTP 连接,而想知道 TCP 的状态则需要分析第 14 个字节。第 14 个字节的值为 02,即 SYN 置为 1,而且 ACK = 0,表示该数据段没有捎带的确认,这说明是第一次握手时发出的 TCP 连接。

13.【答案】(1) 在 TCP 三次握手建立连接的过程中,首先,H3 向 Web 服务器 S 发送连接请求报文段(题中已知初始序号为 100),此时 TCP 段首部中,SYN = 1,seq = 100。注意,TCP 规定,SYN = 1 的报文段不能携带数据,但要消耗一个序号;接下来开始第二次握手,Web 服务器 S 收到连接请求报文段后为自己选择一个初始序号 y,向 H3 发送确认报文段,这个报文段 SYN = 1,ACK = 1,seq = y,确认序号 ack_seq = 100+1 = 101(表示期望收到 H3 下一个报文段的第一个数据字节的序号是 101);最后是第三次握手,H3 收到 Web 服务器 S 的确认报文段后向 Web 服务器 S 返回确认,该确认报文段 ACK = 1,自己的序号 seq = 101,ack_seq = y+1。综上可知,H3 收到的 Web 服务器 S 发送过来的第二次握手 TCP 段的 SYN = 1,ACK = 1,确认序号是 101。

(2) 题中规定 Web 服务器 S 对收到的每个段(大小为 MSS)进行确认,并通告新的接收窗口,而且 Web 服务器 S 端的 TCP 接收缓存仅有数据存入而无数据取出,那么在每一轮次中,发送窗口 swnd、拥塞窗口 cwnd、接收窗口 rwnd 和慢开始门限值 ssthresh 的变化情况如下表所示。注意,每一轮次中 swnd = min[cwnd,rwnd],第 5 个轮次结束时,Web 服务器 S 的缓冲区已满(共存入 20KB 数据,即 20 个 TCP 段)。

轮次	swnd	cwnd	rwnd	ssthresh
1	1	1	20	32
2	2	2	19	32
3	4	4	17	32
4	8	8	13	32
5	5	16	5	32
6	0	?	0	32

由表可知，H3 收到第 8 个确认段（前面已经收到 7 个 TCP 段），此时所通告的接收窗口 = 13-1 = 12(KB)；拥塞窗口 cwnd = cwnd+1 = 8+1 = 9(KB)；发送窗口 swnd = min[cwnd,rwnd] = min [9,12] = 9(KB)。因此，H3 收到的第 8 个确认段所通告的接收窗口是 12KB，此时 H3 的拥塞窗口变为 9KB，H3 的发送窗口变为 9KB。

（3）当 H3 的发送窗口等于 0 时，此时接收缓存已满（已发送 20KB 数据），下一个待发送段的序号 =20K+101 = 20 × 1024+101 = 20581；H3 从发送第 1 个段到发送窗口等于 0 时刻为止，平均数据传输速率等于发送数据量除以发送时间，由（2）中的表可知，H3 从发送第一个段到发送窗口等于 0KB 为止，共经过 5 个传输轮次，发送的数据量是 20KB。因此，平均数据传输速率 =20KB ÷ (5 × 200ms) = 20KB/s = 20 × 1024B/s × 8bit/B=163.84kbit/s。

（4）TCP 连接释放通常需要经过四次握手，但因为题中 Web 服务器 S 收到 H3 的连接释放报文段后，马上发送确认报文段，但此时 Web 服务器 S 已经没有数据要传输，于是它也马上发出连接释放报文段。H3 在收到 Web 服务器 S 的连接释放报文段后，发出确认报文段，Web 服务器 S 在收到该确认后就释放 TCP 连接。因此，四次握手的中间两次握手变成了一次，也就是说共经历 1.5 个 RTT 的时间，即最短时间。综上可知，从 t 时刻起，Web 服务器 S 释放该连接的最短时间 =1.5 × 200ms = 300ms。

第六章　应用层

【考情分析】

本章内容的考查重点有网络应用模型、域名系统（DNS）、FTP、万维网（WWW）等。本章内容既可以以选择题的形式考查，也可以与其他章内容结合以综合应用题的形式考查，因此，考生需重点掌握。在历年计算机考研中，涉及本章内容的题型、题量、分值及高频考点如下表所示。

题型	题量	分值	高频考点
选择题	1~2题	2~5分	网络应用模型 域名系统（DNS） 万维网（WWW）

【知识地图】

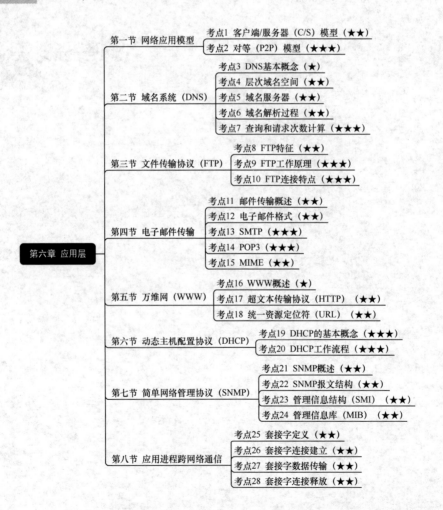

第一节 网络应用模型

考点 1 客户端/服务器（C/S）模型（★★）

重要程度	★★
历年回顾	全国统考：无涉及 院校自主命题：有涉及

【例1·选择题】在 C/S 模型的网络中，最恰当的是（　　）。【模拟题】

A. 客户端提出请求，服务器响应请求、进行处理并返回结果

B. 服务器有时可以同时为多个客户端服务

C. 客户端可以将服务器的资源备份在本地，以避免向服务器请求服务

D. 服务器永远是网络的瓶颈

【答案】A

【解析】本题考查 C/S 模型的特点。选项 A 描述了 C/S 模型的基本工作流程。服务器必须总能而不是有时可以同时为多个客户端服务，否则网络就没有了存在的价值，故选项 B 错误。由于服务器的资源太庞大，而且很多资源因为知识产权、管理复杂等一系列的原因，使客户端不可能都把服务器的资源备份到本地，故选项 C 错误。从表面上看，服务器可能是网络的瓶颈，但事实上，在多数情况下，网络的主要瓶颈不在服务器，而在通信线路，故选项 D 错误。

【例2·选择题】网络应用软件有两种模型，有一种是客户端/服务器模型，就是我们通常所说的（　　）。【2018年重庆邮电大学】

A. F/S 模型　　　B. B/S 模型　　　C. C/S 模型　　　D. D/S 模型

【答案】C

【解析】本题考查 C/S 模型的中英文对照。C 是 Client（客户端）的首字母，S 是 Server（服务器）的首字母。

考点 2 对等（P2P）模型（★★★）

重要程度	★★★
历年回顾	全国统考：2019年选择题 院校自主命题：无涉及

【例·选择题】下列关于网络应用模型的叙述中，错误的是（　　）。【2019年全国统考】

A. 在 P2P 模型中，节点之间具有对等关系

B. 在 C/S 模型中，客户端之间可以直接通信

C. 在 C/S 模型中，主动发起通信的是客户端，被动通信的是服务器

D. 在向多用户分发一个文件时，P2P 模型通常比 C/S 模型所需时间短

【答案】B

【解析】本题考查 P2P 模型和 C/S 模型的定义与区别。P2P 模型使每台机器在消耗服务的同时也给别人提供服务，这样资源能够充分、自由地共享。在客户端/服务器（C/S）模型中，所有客户端都通过访问服务器来获取所需的资源，客户端之间不能直接通信，若客户端之间需要通信，需要通过服务器实现。所以选项 B 为正确答案。

第二节 域名系统（DNS）

考点 3　DNS 基本概念（★）

重要程度	★
历年回顾	全国统考：2018 年选择题 院校自主命题：无涉及

【例 1·选择题】假设一台主机的域名是 xyz.abc.com.cn，它位于 DNS 层次结构的第（　　）层（根节点是第一层）。【模拟题】

A. 3　　　　　　B. 4　　　　　　C. 5　　　　　　D. 6

【答案】B

【解析】本题考查 DNS 层次结构。根节点是第一层，cn 是第二层，com.cn 是第三层，abc.com.cn 是第四层，所以选项 B 为正确答案。

【例 2·选择题】关于 DNS，下列叙述错误的是（　　）。【模拟题】

A. 子节点能识别父节点的 IP 地址
B. DNS 采用 C/S 模型
C. 域名的命名原则是采用层次结构的命名树
D. 域名不能反映计算机所在的物理地址

【答案】A

【解析】本题考查 DNS 的基础知识。在 DNS 层次结构中，父节点可以识别子节点的 IP 地址。例如，根域名服务器知道其下管理的所有顶级域名服务器的 IP 地址，顶级域名服务器知道其下管理的所有二级域名服务器的 IP 地址等，但是子节点并不一定能识别出父节点的 IP 地址，因此选项 A 叙述错误。

【例 3·选择题】下列 TCP/IP 应用层协议中，可以使用传输层无连接服务的是（　　）。【2018 年全国统考】

A. FTP　　　　　B. DNS　　　　　C. SMTP　　　　　D. HTTP

【答案】B

【解析】本题考查 DNS 的基础知识。UDP 的特点是无连接、尽最大努力交付、开销小，通常对传输的实时性要求较高。在传输的数据量较小时选择 UDP。对于 DNS 服务器的访问，可靠性要求并不高，因为多次 DNS 请求返回的结果都相同，可以重复执行，所以 DNS 使用 UDP

方式可以提高查询速度和效率。对于 FTP、SMTP 和 HTTP 这类对可靠性要求较高的应用，需要使用传输层的 TCP，因为 TCP 提供面向连接的可靠服务。综上，选项 B 是正确答案。注意，DNS 多数情况下使用 UDP，但有时也使用 TCP（如 DNS 在进行区域传输时）。

考点 4　层次域名空间（★★）

重要程度	★★
历年回顾	全国统考：无涉及 院校自主命题：有涉及

【例·选择题】域名服务系统中，域名采用分层次的命名方法，其中顶级域名 edu 代表的是（　　）。【2019 年重庆邮电大学】
　　A. 教育机构　　　　B. 商业机构　　　　C. 政府机构　　　　D. 国家代码
【答案】A
【解析】本题考查 DNS 层次结构。顶级域名中，edu 代表教育机构，com 代表商业机构，gov 代表政府机构。故选项 A 为正确答案。

> 📎 知识链接　Internet 采用层次树状结构的命名方法。任何一个连接在 Internet 上的主机或者路由器都有一个唯一的层次结构的名字，即域名（Domain Name）。域还可以被划分为子域，而子域还可以被划分为子域的子域，这样就引入了顶级域名、二级域名、三级域名等。每个域名都由标号序列组成（各标号分别代表不同级别的域名），各标号之间用点隔开，格式如下：
>
> ….三级域名.二级域名.顶级域名

> ⚠ 误区警示　级别最低的域名写在最左边，而级别最高的顶级域名写在最右边，且域名没有大小写之分，如 WWW.PTPRESS.COM.CN 和 www.ptpress.com.cn 均可访问同一主页。

考点 5　域名服务器（★★）

重要程度	★★
历年回顾	全国统考：无涉及 院校自主命题：无涉及

【例·选择题】下列选项中，能够将其所管辖的主机名转换为该主机的 IP 地址的是（　　）。【模拟题】
　　A. 根域名服务器　　　　　　　　　　B. 本地域名服务器
　　C. 权限域名服务器　　　　　　　　　D. 代理域名服务器
【答案】C
【解析】本题考查各种域名服务器的概念。每台主机都必须在权限域名服务器处注册登记，权限域名服务器能够保证将其管辖的主机名转换为该主机的 IP 地址，故选项 C 为正确答案。

考点 6　域名解析过程（★★）

重要程度	★★
历年回顾	全国统考：无涉及 院校自主命题：无涉及

【例·选择题】一台主机希望解析域名 www.sut.edu.cn，如果这台主机配置的 DNS 地址为 A（或称为本地域名服务器），Internet 根域名服务器为 B，而存储域名 www.sut.edu.cn 与其 IP 地址对应关系的域名服务器为 C，那么这台主机通常先查询（　　）。【2016 年沈阳工业大学】

A. 域名服务器 A　　B. 域名服务器 B　　C. 域名服务器 C　　D. 不确定

【答案】A

【解析】本题考查 DNS 域名的解析过程。在域名解析过程中，当一台主机发出 DNS 查询请求报文时，这个查询请求报文首先被送往该主机的本地域名服务器。当本地域名服务器不能回答该主机的查询时，该本地域名服务器就以 DNS 客户端的身份向某台根域名服务器查询。本地域名服务器向根域名服务器的查询方式取决于最初查询请求报文配置的查询方式，通常采用迭代查询。无论采用哪种查询方式，主机通常都要先查询本地域名服务器。所以选项 A 是正确答案。

考点 7　查询和请求次数计算（★★★）

重要程度	★★★
历年回顾	全国统考：2010 年、2016 年选择题 院校自主命题：无涉及

【例 1·选择题】如果本地域名服务器无缓存，当采用递归方式解析另一网络某主机的域名时，用户主机、本地域名服务器发送的域名请求消息数分别为（　　）。【2010 年全国统考】

A. 一条、一条　　B. 一条、多条　　C. 多条、一条　　D. 多条、多条

【答案】A

【解析】本题考查域名解析的请求次数计算。域名解析是指把域名映射成 IP 地址的过程。域名解析有递归查询和迭代查询两种解析方式。题目中已知本地域名服务器无缓存，且采用递归方式解析域名，其实就是考查递归方式的域名解析过程。在递归查询中，若主机所询问的本地域名服务器不知道被查询域名的 IP 地址，则本地域名服务器就以 DNS 客户端的身份向其他服务器继续发出查询请求，而不是让主机自己进行下一步的查询，所以主机只需向本地域名服务器发送一条域名请求即可。所以排除选项 C 和选项 D。另外，按递归方式，本地域名服务器以 DNS 客户端的身份向其他域名服务器发送查询请求时，也只需发送一条域名请求给根域名服务器即可，然后依次递归，最后再按原路返回结果。综上，选项 A 为正确答案。

【例 2·选择题】假设所有域名服务器均采用迭代查询方式进行域名解析。当一台主机访问规范域名为 www.abc.xyz.com 的网站时，本地域名服务器在完成该域名解析的过程中，可

能发出 DNS 查询的最少和最多次数分别是（　　）。【2016 年全国统考】

A. 0、3　　　　　B. 1、3　　　　　C. 0、4　　　　　D. 1、4

【答案】C

【解析】本题考查域名解析的查询次数。如果本地 DNS 缓存中有该域名的 DNS 信息，直接就可以进行域名解析，而不需要向任何域名服务器发出查询请求，即最少发出 0 次查询。但在最坏情况下，本地域名服务器需要向根域名服务器、顶级域名服务器（.com）、权限域名服务器（xyz.com）、权限域名服务器（abc.xyz.com）发出 DNS 查询请求，所以这种情况最多需要发出 4 次 DNS 查询。综上，选项 C 为正确答案。

第三节　文件传输协议（FTP）

考点 8　FTP 特征（★★）

重要程度	★★
历年回顾	全国统考：无涉及 院校自主命题：有涉及

【例·选择题】FTP 的一个主要特征是（　　）。【2019 年山东大学】

A. 允许客户端指明文件的类型但不允许客户端指明文件的格式
B. 不允许客户端指明文件的类型但允许客户端指明文件的格式
C. 允许客户端指明文件的类型和格式
D. 不允许客户端指明文件的类型和格式

【答案】C

【解析】本题考查 FTP 的特征。FTP（File Transfer Protocol，文件传输协议）允许客户端指定文件的类型和格式，并允许文件具有存取权限。

考点 9　FTP 工作原理（★★★）

重要程度	★★★
历年回顾	全国统考：2017 年选择题 院校自主命题：有涉及

【例 1·选择题】下列关于 FTP 的叙述中，错误的是（　　）。【2017 年全国统考】

A. 数据连接在每次数据传输完毕后就关闭
B. 控制连接在整个会话期间都保持打开状态
C. 服务器与客户端的 TCP 20 端口建立数据连接
D. 客户端与服务器的 TCP 21 端口建立控制连接

【答案】C

【解析】本题考查 FTP 的工作原理。FTP 在进行文件传输时使用控制连接和数据连接，控制连接在整个 FTP 会话过程中一直存在，数据连接在每次文件传输时才建立，传输结束后就关闭，所以选项 A 和选项 B 正确。默认情况下，FTP 使用 TCP 20 端口进行数据连接，使用 TCP 21 端口进行控制连接。但是，是否使用 TCP 20 端口建立数据连接与传输模式有关。主动模式（PORT 模式）下数据端口使用 TCP 20 端口，被动模式（PASV 模式）下数据端口是由服务器和客户端协商决定的一个随机端口（端口号 >1023），所以选项 D 正确，选项 C 错误。综上，选项 C 为正确答案。

【例 2 · 选择题】在 FTP 会话期间，数据连接打开（　　）。【2010 年四川大学】
  A. 正好一次　　　　　　　　　　B. 正好两次
  C. 多次，只要是需要　　　　　　D. 以上都是
【答案】C
【解析】本题考查 FTP 的工作原理。数据连接只有在用户有文件传输请求时才会打开，文件传输完毕后就关闭，涉及多个文件传输时，就会有多次打开和关闭。

考点 10　FTP 连接特点（★★★）

重要程度	★★★
历年回顾	全国统考：2009 年选择题 院校自主命题：有涉及

【例 1 · 选择题】FTP 客户端和服务器间传递 FTP 命令时，使用的连接是（　　）。【2009 年全国统考】
  A. 建立在 TCP 之上的控制连接
  B. 建立在 TCP 之上的数据连接
  C. 建立在 UDP 之上的控制连接
  D. 建立在 UDP 之上的数据连接
【答案】A
【解析】本题考查 FTP 的连接特点。FTP 采用 C/S 模型，工作在全双工状态下，使用传输层 TCP 提供的面向连接的可靠服务。所以选项 C 和选项 D 可排除。另外，FTP 传输命令时用控制连接（通过 21 端口），传输数据时用数据连接。所以选项 A 为正确答案。

【例 2 · 选择题】在 Internet 中能允许任意两台计算机之间传输文件的协议是（　　）。【2018 年重庆邮电大学】
  A. WWW　　　　B. FTP　　　　C. Telnet　　　　D. SMTP
【答案】B
【解析】本题考查 FTP 的连接特点。FTP 用于在 Internet 上控制文件的双向传输。FTP 的主要功能是减少或消除在不同操作系统下处理文件的不兼容性，能够使任意两台计算机之间传输文件。故选项 B 为正确答案。

【例3·选择题】FTP 客户端发起对 FTP 服务器的连接建立的第一阶段是建立（　　）。
【2016 年沈阳工业大学】
  A．传输连接　　　　B．会话连接　　　　C．数据连接　　　　D．控制连接
【答案】D
【解析】本题考查 FTP 的连接特点。FTP 客户端连接 FTP 服务器时，先建立控制连接，该连接建立后在整个会话期间一直保持打开状态，并晚于数据连接释放。所以选项 D 为正确答案。

第四节　电子邮件传输

考点 11　邮件传输概述（★★）

重要程度	★★
历年回顾	全国统考：无涉及 院校自主命题：有涉及

【例1·选择题】在电子邮件中所包含的信息（　　）。【模拟题】
  A．只能是文字　　　　　　　　　　B．只能是文字与图像信息
  C．只能是文字与声音信息　　　　　D．可以是文字、声音和图像信息
【答案】D
【解析】本题考查电子邮件的基本概念。现在电子邮件不仅可传输文字信息，而且还可附上声音和图像。所以选项 D 为正确答案。

【例2·选择题】能够支持电子邮件内容采用中文的协议是（　　）。【2013 年重庆大学】
  A．SMTP　　　　B．MIME　　　　C．POP3　　　　D．IMAP
【答案】B
【解析】本题考查电子邮件协议的基本知识。MIME 的中文全称为多用途互联网邮件扩展，在 SMTP 的基础上扩充了对非英语国家文字的传输。此外，MIME 也能够支持非 ASCII 码、二进制格式附件等多种格式的邮件消息。

考点 12　电子邮件格式（★★）

重要程度	★★
历年回顾	全国统考：无涉及 院校自主命题：无涉及

【例·选择题】将 student@mail.com 称为（　　）。【模拟题】
  A．E-mail 地址　　　B．IP 地址　　　C．域名　　　D．URL
【答案】A

【解析】本题考查电子邮件地址的格式。电子邮件地址的格式规定为"收件人邮箱名 @ 邮箱所在主机的域名"。

考点 13　SMTP（★★★）

重要程度	★★★
历年回顾	全国统考：2012 年、2013 年、2018 年选择题 院校自主命题：有涉及

【例 1·选择题】若用户 1 与用户 2 之间发送和接收电子邮件的过程如下图所示，则图中①、②、③阶段分别使用的应用层协议可以是（　　）。【2012 年全国统考】

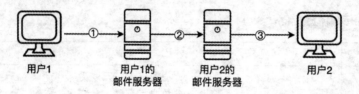

A．SMTP、SMTP、SMTP　　　　　　B．POP3、SMTP、POP3
C．POP3、SMTP、SMTP　　　　　　D．SMTP、SMTP、POP3

【答案】D

【解析】本题考查 SMTP 与 POP3 的通信方式。SMTP 采用"推"的通信方式，在用户代理向邮件服务器及邮件服务器之间发送邮件时，SMTP 客户端主动将邮件"推"送到 SMTP 服务器。而 POP3 采用"拉"的通信方式，当用户读取邮件时，用户代理向邮件服务器发出请求，"拉"取用户邮箱中的邮件。

【例 2·选择题】下列关于 SMTP 的叙述中，正确的是（　　）。【2013 年全国统考】
Ⅰ．只支持传输 7 比特 ASCII 码内容
Ⅱ．支持在邮件服务器之间发送邮件
Ⅲ．支持从用户代理向邮件服务器发送邮件
Ⅳ．支持从邮件服务器向用户代理发送邮件
A．Ⅰ、Ⅱ和Ⅲ　　B．Ⅰ、Ⅱ和Ⅳ　　C．Ⅰ、Ⅲ和Ⅳ　　D．Ⅱ、Ⅲ和Ⅳ

【答案】A

【解析】本题考查 SMTP 的功能。SMTP 只支持传输 7 比特 ASCII 码内容，用于用户代理向邮件服务器发送邮件或者在邮件服务器之间发送邮件，所以Ⅰ、Ⅱ、Ⅲ叙述正确。从邮件服务器向用户代理发送邮件需要使用 POP3，所以Ⅳ错误。综上，选项 A 为正确答案。

【例 3·选择题】无须转换即可由 SMTP 直接传输的内容是（　　）。【2018 年全国统考】
A．JPEG 图像　　　B．MPEG 视频　　　C．EXE 文件　　　D．ASCII 码文本

【解析】本题考查 SMTP 的基本概念。SMTP 作为诞生较早的邮件发送协议，结构简单，只能支持传输一定长度的 7 位 ASCII 码文本。若要发送视频、音频及二进制文件（如 EXE），需

要借助 MIME 协议进行转换。所以选项 D 为正确答案。

【答案】D

【例 4·选择题】通过浏览器采用基于 Web 的方式发送邮件时，邮件保存到发送邮件服务器使用（   ），邮件从发送邮件服务器发送到接收邮件服务器使用（   ）。【2015 年武汉大学】

    A. HTTP，HTTP   B. HTTP，SMTP   C. SMTP，SNMP   D. SNMP，HTTP

【答案】B

【解析】本题考查 SMTP 的基本概念。因为是通过浏览器采用基于 Web 的方式发送邮件，所以把邮件保存到发送邮件服务器时需要使用 HTTP；当邮件从发送邮件服务器发送到接收邮件服务器时，使用 SMTP，SMTP 能够实现在邮件服务器之间发送邮件。故选项 B 为正确答案。SNMP 是简单网络管理协议，是可以对网络设备进行远程配置的协议。

考点 14　POP3（★★★）

重要程度	★★★
历年回顾	全国统考：2015 年选择题 院校自主命题：有涉及

【例 1·选择题】通过 POP3 协议接收邮件时，使用的传输层服务类型是（   ）。【2015 年全国统考】

    A. 无连接不可靠的数据传输服务   B. 无连接可靠的数据传输服务
    C. 有连接不可靠的数据传输服务   D. 有连接可靠的数据传输服务

【答案】D

【解析】本题考查 POP3 协议。因为 POP3 使用的是 TCP 连接（端口号 25），而 TCP 提供的是面向连接的可靠服务。故选项 D 为正确答案。

【例 2·选择题】IMAP 从功能上与哪个协议最接近？（   ）【2016 年重庆大学】

    A. SMTP   B. MIME   C. HTTP   D. POP

【答案】D

【解析】本题考查 IMAP 的功能。IMAP 的主要作用是邮件客户端可以通过这种协议从邮件服务器上获取邮件的信息和下载邮件等。它运行在 TCP/IP 之上，使用的端口是 143，功能与 POP 类似。

考点 15　MIME（★★）

重要程度	★★
历年回顾	全国统考：无涉及 院校自主命题：有涉及

【例·选择题】MIME 在电子邮件功能中的作用是（　　）。【2015 年重庆大学】
A. 发送电子邮件　　　　　　　　　B. 接收电子邮件
C. 支持多种字符集和各种附件　　　D. 电子邮件邮箱管理

【答案】C

【解析】本题考查 MIME 的作用。MIME 的作用是继续使用原来的邮件格式，但增加了邮件主体的结构，并定义了传输非 ASCII 码的编码规则，能够支持多种字符集和各种附件。所以选项 C 是正确答案。

第五节　万维网（WWW）

考点 16　WWW 概述（★）

重要程度	★
历年回顾	全国统考：无涉及 院校自主命题：有涉及

【例·选择题】超文本标记语言（HTML）主要用于（　　）。【2016 年桂林电子科技大学】
A. 编写网络软件　　　　　　　　　B. 编写浏览器
C. 编写动画软件　　　　　　　　　D. 编写 WWW 网页文件

【答案】D

【解析】本题考查 HTML 的作用。超文本标记语言（HyperText Markup Language，HTML）是一种制作 WWW（World Wide Web，万维网）页面的标准语言，它消除了不同计算机之间信息交流的障碍。故选项 D 为正确答案。

> ⚠ 误区警示　HTML 并不是应用层的协议，它只是 WWW 浏览器使用的一种语言。

考点 17　超文本传输协议（HTTP）（★★）

重要程度	★★
历年回顾	全国统考：2015 年选择题 院校自主命题：无涉及

【例 1·选择题】在 Internet 上浏览时，浏览器和 Web 服务器之间传输网页使用的协议是（　　）。【模拟题】
A. IP　　　　B. HTTP　　　　C. FTP　　　　D. Telnet

【答案】B

【解析】本题考查 HTTP 的基本功能。HTTP 是基于 C/S 模型进行通信的，而 HTTP 服务器端的实现程序有 httpd、nginx 等，其客户端的实现程序主要是 Web 浏览器，如 Firefox、Internet Explorer、Google Chrome、Safari、Opera 等。此外，客户端的命令行工具还有 elink、curl 等。

Web 服务是基于 TCP 的，因此，为了能够随时响应客户端的请求，Web 服务器需要监听在 80 端口。这样客户端浏览器和 Web 服务器之间就可以通过 HTTP 进行通信。故选项 B 是正确答案。

【例 2·选择题】某浏览器发出的 HTTP 请求报文如下：

> GET/index.html HTTP/1.1
> Host: www.test.edu.cn
> Connection: Close
> Cookie: 123456

在下列叙述中，错误的是（　　）。【2015 年全国统考】
A. 该浏览器请求浏览 index.html　　B. index.html 存放在 www.test.edu.cn 上
C. 该浏览器请求使用持续连接　　　D. 该浏览器曾经浏览过 www.test.edu.cn
【答案】C
【解析】本题考查 HTTP 请求报文解读。Connection 表示连接方式，Close 表明为非持续连接方式，Keep-Alive 表示持续连接方式。Cookie 的值是由服务器产生的，HTTP 请求报文中有 Cookie 报头，表示曾经访问过 www.test.edu.cn 服务器。

考点 18　统一资源定位符（URL）（★★）

重要程度	★★
历年回顾	全国统考：无涉及 院校自主命题：无涉及

【例·选择题】下列是合法 URL 的是（　　）。【模拟题】
A. ftp://127.0.0.0/index.html　　　B. http://127.0.0.1/index.html
C. ftp://localhost\index.html　　　D. http:/127.0.0.1/index.html
【答案】B
【解析】本题考查 URL 的格式。URL 的格式为 <协议>://<主机名>:<端口>/<路径>（主机名后面的":<端口>"经常被省略）。选项 A：主机名（127.0.0.0）不合法，它是一个网络地址，不能用于表示主机的 IP 地址；选项 B：正确；选项 C："\" 使用错误；选项 D：":/" 使用错误。

第六节　动态主机配置协议（DHCP）

考点 19　DHCP 的基本概念（★★★）

重要程度	★★★
历年回顾	全国统考：无涉及 院校自主命题：有涉及

【例·选择题】自动为客户端动态分配 IP 地址的服务是（　　）。【2017 年北京工业大学】

A. ICMP　　　　B. DHCP　　　　C. ARP　　　　D. DDoS

【答案】B

【解析】本题考查 DHCP 的基本概念。DHCP（Dynamic Host Configuration Protocol，动态主机配置协议）是应用层协议，使用 UDP 工作，它提供了一种机制，称为即插即用连网（plug-and-play networking），这种机制允许一台计算机加入新的网络并自动获取 IP 地址而不用手动设置。故选项 B 为正确答案。

考点 20　DHCP 工作流程（★★★）

重要程度	★★★
历年回顾	全国统考：2015 年、2022 年综合应用题 院校自主命题：有涉及

【例 1·选择题】手机开机后，通过校园网 Wi-Fi 访问 https://www.bupt.edu.cn，下列报文中首先发出的是（　　）。【2018 年北京邮电大学】

A. DHCP 报文　　　　　　　　B. TCP 连接请求
C. DNS 域名查询请求　　　　D. ARP 地址解析请求

【答案】A

【解析】本题考查 DHCP 的工作流程。DHCP 是动态主机配置协议，它提供了一种机制，称为即插即用连网。DHCP 基于 C/S 模型，DHCP 客户端使用的 UDP 端口是 68，而 DHCP 服务器使用的端口是 67。依据题意，手机开机后通过 Wi-Fi 访问网络前需要先获得 IP 地址，所以要先发送 DHCP 报文。所以选项 A 为正确答案。注意，其他选项不符合题目的前提，因为 DHCP 使用的是 UDP，所以选项 B 错误。DNS 是域名解析，将域名转换为 IP 地址，ARP 是地址解析协议，将 IP 地址解析为 MAC 地址，故选项 C 和选项 D 错误。

> 📎 **知识链接**　DHCP 是动态主机配置协议，它提供了一种机制，称为即插即用联网。DHCP 使用 C/S 模型，DHCP 客户端使用的 UDP 端口是 68，而 DHCP 服务器使用的端口是 67。

【例 2·综合应用题】某网络拓扑如下图所示，其中路由器内网接口、DHCP 服务器、WWW 服务器与主机 1 均采用静态 IP 地址配置，相关地址信息见图中标注；主机 2～主机 N 通过 DHCP 服务器动态获取 IP 地址等配置信息。【2015 年全国统考】

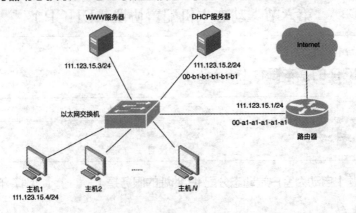

请回答下列问题。

（1）DHCP 服务器可为主机 2～主机 N 动态分配的 IP 地址的最大范围是什么？主机 2 在使用 DHCP 获取 IP 地址的过程中，发送的封装 DHCP Discover 报文的 IP 分组的源 IP 地址和目的 IP 地址分别是多少？

（2）若主机 2 的 ARP 表为空，则该主机访问 Internet 时，发出的第一个以太网帧的目的 MAC 地址是什么？封装主机 2 发往 Internet 的 IP 分组的以太网帧的目的 MAC 地址是什么？

（3）若主机 1 的子网掩码和默认网关分别配置为 255.255.255.0 和 111.123.15.2，则该主机是否能访问 WWW 服务器？是否能访问 Internet？请说明理由。

【答案】（1）111.123.15.5～111.123.15.254；0.0.0.0 和 255.255.255.255。

（2）ff-ff-ff-ff-ff-ff；00-a1-a1-a1-a1-a1。

（3）能，主机 1 可以访问在同一个子网内的 WWW 服务器；不能，由于主机 1 发出的 IP 分组会被路由到 111.123.15.2，从而无法到达目的主机。

【解析】（1）由网络拓扑图可知，连接在以太网交换机上的路由器内网接口、DHCP 服务器、WWW 服务器与主机 1～主机 N 同属于一个以太网。由 CIDR 地址 111.123.15.X/24 可知，该以太网的 CIDR 地址块为 111.123.15.0/24，即网络号 24 位，主机号 8 位，则共有 256（2^8=256）个 IP 地址。去掉主机号全为 0 和全为 1 的两个特殊地址，有效 IP 地址范围为 111.123.15.1～111.123.15.254，其中 111.123.15.1～111.123.15.4 已经被使用，所以可为主机 2～主机 N 动态分配的 IP 地址的最大范围是 111.123.15.5～111.123.15.254。主机 2 发送的封装 DHCP Discover 报文的 IP 分组的源 IP 地址和目的 IP 地址分别是 0.0.0.0 和 255.255.255.255。

（2）主机 2 发出的第一个以太网帧的目的 MAC 地址是 ff-ff-ff-ff-ff-ff；封装主机 2 发往 Internet 的 IP 分组的以太网帧的目的 MAC 地址是 00-a1-a1-a1-a1-a1。

（3）主机 1 能访问 WWW 服务器，但不能访问 Internet。由于主机 1 的子网掩码配置正确而默认网关 IP 地址被错误地配置为 111.123.15.2（正确 IP 地址是 111.123.15.1），所以主机 1 可以访问在同一个子网内的 WWW 服务器，但当主机 1 访问 Internet 时，主机 1 发出的 IP 分组会被路由到错误的默认网关（111.123.15.2），从而无法到达目的主机。

【例 3·综合应用题】某网络拓扑如下图所示，R 为路由器，S 为以太网交换机，AP 是 802.11 接入点，路由器的 E0 接口和 DHCP 服务器的 IP 地址配置如图中所示；H1 与 H2 属于同一个广播域，但不属于同一个冲突域；H2 和 H3 属于同一个冲突域；H4 和 H5 已经接入网络，并通过 DHCP 动态获取了 IP 地址。现有路由器、100Base-T 以太网交换机和 100Base-T 集线器（Hub）3 类设备各若干台。请回答以下问题。【2022 年全国统考】

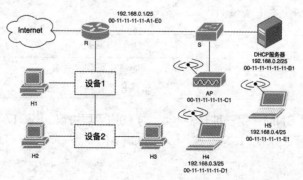

（1）设备 1 和设备 2 应该分别选择哪类设备？

（2）若信号传播速度为 2×10^8 m/s，以太网最小帧长为 64B，信号通过设备 2 时会产生额外的 1.51μs 的时延，则 H2 与 H3 之间可以相距的最远距离是多少？

（3）在 H4 通过 DHCP 动态获取 IP 地址的过程中，H4 首先发送了 DHCP 报文 M，M 是哪种 DHCP 报文？路由器 E0 接口能否收到封装 M 的以太网帧？S 向 DHCP 服务器转发的封装 M 的以太网帧的目的 MAC 地址是什么？

（4）若 H4 向 H5 发送一个 IP 分组 P，则 H5 收到的封装 P 的 802.11 帧的地址 1、地址 2 和地址 3 分别是什么？

【答案】（1）设备 1 选择 100Base-T 以太网交换机，设备 2 选择 100-BaseT 集线器。

（2）210m。

（3）M 是 DHCP Discover 报文。E0 接口能收到封装 M 的以太网帧。MAC 地址是 FF-FF-FF-FF-FF-FF。

（4）地址分别是 00-11-11-11-11-E1、00-11-11-11-11-C1 和 00-11-11-11-11-D1。

【解析】（1）物理层设备既不能隔离冲突域，也不能隔离广播域；数据链路层设备可以隔离冲突域，但不能隔离广播域。

（2）假设 H2 与 H3 之间的最远距离为 D，根据 CSMA/CD 协议的工作原理：最小帧长 = 总线传播时延 × 数据传输速率 × 2。本题中由于使用 100Base-T 局域网标准，所以数据传输速率为 100Mbit/s，总线传播时延由两部分组成，一部分是信号传播时延，另一部分是信号通过设备 2 时产生的额外 1.51μs 的时延。将数据代入公式，64B=[1.51μs+D/(2×10^8m/s)] × 100Mbit/s × 2，解得 $D\approx210$m。

（3）M 是 DHCP Discover 报文。路由器 E0 接口能收到封装 M 的以太网帧，由于 H4 是以广播的形式发送 DHCP 报文，所以同一个广播域内的所有设备和接口都可以收到该以太网帧。由于是广播帧，所以目的 MAC 地址是全 1。S 向 DHCP 服务器转发的封装 M 的以太网帧的目的 MAC 地址是 FF-FF-FF-FF-FF-FF。

（4）在 H5 收到的帧中，地址 1、地址 2 和地址 3 分别是 00-11-11-11-11-E1、00-11-11-11-11-C1 和 00-11-11-11-11-D1。该帧来自 AP，地址 1 代表接收端的地址，地址 2 代表 AP 的地址，地址 3 是发送端的地址。

第七节　简单网络管理协议（SNMP）

考点 21　SNMP 概述（★★）

重要程度	★★
历年回顾	全国统考：无涉及 院校自主命题：有涉及

【例 1·选择题】SNMP 是一种基于（　　）的应用层协议。【2017 年重庆邮电大学】

A．TCP　　　　B．ICMP　　　　C．ARP　　　　D．UDP

【答案】D

【解析】本题考查 SNMP 的基本概念。SNMP 是一种基于 UDP 服务的异步请求/响应协议，发出请求后不必等待响应。

【例 2·选择题】SNMP 采用 UDP 提供的数据报服务，这是由于（　　）。【2014 年南京大学】

A. UDP 比 TCP 更加可靠

B. UDP 数据报文可以比 TCP 数据报文大

C. UDP 是面向连接的传输方式

D. 采用 UDP 实现网络管理不会过多地增加网络负载

【答案】D

【解析】本题考查 SNMP 和 UDP 的特点。应用层的 SNMP 依赖于传输层的 UDP 服务。之所以选择 UDP 而不是 TCP，是因为 UDP 实现网络管理的效率较高。例如，UDP 报文只有 8B 的首部开销，而 TCP 报文的首部开销至少有 20B，并且 UDP 不像 TCP 那样有连接的建立、维护和断开的过程，因此 UDP 的开销比 TCP 小，采用 UDP 实现网络管理不会过多地增加网络负载。

考点 22　SNMP 报文结构（★★）

重要程度	★★
历年回顾	全国统考：无涉及 院校自主命题：无涉及

【例·选择题】下列关于 SNMP 的描述不正确的是（　　）。【模拟题】

A. SNMP 报文结构包括 SNMP 首部和协议数据单元（PDU）

B. SNMP 共有 5 种 PDU 类型

C. SNMP 是应用层协议

D. SNMP 为了保证可靠性采用 TCP 传输

【答案】D

【解析】本题考查 SNMP 的报文结构和特点。选项 A、B、C 均正确。SNMP 的基本功能包括监视网络性能、检测分析网络差错和配置网络。UDP 是面向无连接的，它的格式与 TCP 相比少了很多字段，简单很多，这也是传输数据时效率高、被 SNMP 采用的一个主要原因。

📎 知识链接　SNMP 报文结构如下图所示。

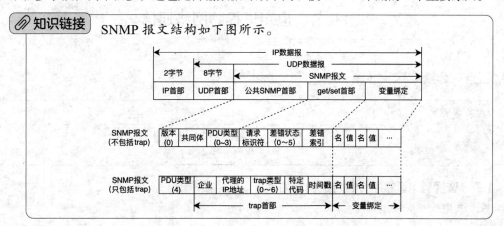

考点 23　管理信息结构（SMI）（★★）

重要程度	★★
历年回顾	全国统考：无涉及 院校自主命题：无涉及

【例·选择题】下列关于 SMI 的描述错误的是（　　）。【模拟题】

A. SMI 的作用是管理对象的命名、定义对象的类型，以及定义把对象和对象的值进行编码的规则

B. SMI 使用抽象语法记法 1 来定义数据类型

C. SMI 的数据类型有 2 类：基本对象类型和对象数组类型

D. SMI 的编码规则是 ASN.1 制定的基本编码规则（BER）

【答案】C

【解析】本题考查 SMI 的基本概念。选项 A、B、D 的描述均正确，选项 C：SMI 的数据类型分 2 类，分别是简单类型和结构化类型。

考点 24　管理信息库（MIB）（★★）

重要程度	★★
历年回顾	全国统考：无涉及 院校自主命题：无涉及

【例·选择题】下列关于 MIB 的描述错误的是（　　）。【模拟题】

A. MIB 的作用是根据 SMI 的规则给对象命名并定义对象类型

B. 一个 MIB 对象命名树最大支持 64 层深度

C. SNMP 只能管理 MIB 中的对象

D. SNMP 的网络管理由 3 部分组成：SNMP 本身、管理信息结构（SMI）、管理信息库（MIB）

【答案】B

【解析】本题考查 MIB 的基本概念。选项 A、C、D 的描述均正确。MIB 对象命名树的大小没有具体限制，后缀为 0 时，表示具有该名字的变量的实例，故选项 B 错误。

第八节　应用进程跨网络通信

考点 25　套接字定义（★★）

重要程度	★★
历年回顾	全国统考：无涉及 院校自主命题：无涉及

【例·选择题】套接字中包含的内容为（　　）。【模拟题】

A. IP 地址和硬件地址　　　　　　　　B. IP 地址和端口号

C. MAC 地址和端口号　　　　　　　　D. 主机名

【答案】B

【解析】本题考查套接字的定义。TCP 和 UDP 使用套接字来标识唯一的地址，套接字 Socket = {IP 地址 : 端口号}。故选项 B 为正确答案。

考点 26　套接字连接建立（★★）

重要程度	★★
历年回顾	全国统考：无涉及 院校自主命题：无涉及

【例·选择题】下列关于套接字建立的描述正确的是（　　）。【模拟题】

A. 套接字创建后，IP 就是本地 IP，端口由服务器自动分配

B. 客户端创建套接字后，不调用 bind，系统是不会分配端口的

C. 服务器创建套接字并调用 bind 后，可以通过调用 listen 把套接字设置为被动方式

D. 客户端调用 connect 时，如果不指定端口号，将自动连接 80 端口

【答案】C

【解析】本题考查套接字的连接建立。只有选项 C 的描述是正确的。

考点 27　套接字数据传输（★★）

重要程度	★★
历年回顾	全国统考：无涉及 院校自主命题：无涉及

【例·选择题】下列关于套接字数据传输的描述错误的是（　　）。【模拟题】

A. 在客户端和服务器建立连接后，客户端必须先发数据，然后才能进行正常的数据传输

B. 服务器和客户端并不是直接进行数据传输，而是要经过系统的缓存

C. send 需要 3 个参数：要发送的套接字的描述符、要发送的数据的地址以及数据的长度

D. recv 需要 3 个参数：要使用的套接字的描述符、缓存的地址以及缓存空间的长度

【答案】A

【解析】本题考查套接字的数据传输。客户端和服务器建立连接后，并没有先后顺序，谁先发送数据都可以。所以选项 A 描述错误。

考点 28　套接字连接释放（★★）

重要程度	★★
历年回顾	全国统考：无涉及 院校自主命题：无涉及

【例·选择题】下列关于套接字的描述正确的是（　　）。【模拟题】

A. 套接字必须由客户端先断开

B. 客户端释放连接后就无法再次连接服务器

C. 如果客户端和服务器的套接字地址相同，客户端释放套接字的同时服务器也会同时释放

D. UDP 服务器不使用 listen 和 accept

【答案】D

【解析】本题考查套接字的连接释放和 UDP 服务器。套接字的释放没有先后顺序，选项 A 错误；客户端可以重复连接服务器，选项 B 错误；客户端和服务器的套接字是属于两个进程的对象，即便地址相同，也不是相同的对象，不存在绑定关系，选项 C 错误；UDP 服务器只提供无连接服务，因此不使用 listen 和 accept。所以，选项 D 为正确答案。

过关练习

选择题

1. 下列关于 C/S 模型的描述中，错误的是（　　）。【模拟题】

Ⅰ. 客户端和服务器必须都事先知道对方的地址，以提供请求和服务

Ⅱ. HTTP 基于 C/S 模型，客户端和服务器端的默认端口号都是 80

Ⅲ. 浏览器显示的内容来自服务器

Ⅳ. 客户端是请求方，即使连接建立后，服务器也不能主动发送数据

A. Ⅰ 和 Ⅳ　　　　　　　　　　B. Ⅱ 和 Ⅳ

C. Ⅰ、Ⅱ 和 Ⅳ　　　　　　　　D. 仅 Ⅳ

2. 域名系统（DNS）的组成包括（　　）。【模拟题】

Ⅰ. 域名空间

Ⅱ. 分布式数据库

Ⅲ. 域名服务器

Ⅳ. 从内部 IP 地址到外部 IP 地址的转换程序

A. Ⅰ、Ⅱ　　　　　　　　　　B. Ⅰ、Ⅱ、Ⅲ

C. Ⅱ、Ⅲ　　　　　　　　　　D. Ⅰ、Ⅱ、Ⅲ、Ⅳ

3. 关于 FTP 的工作过程，下面说法错误的是（　　）。【模拟题】

A. 每次数据传输结束后，FTP 服务器都同时释放端口 21 和 20

B. FTP 的数据连接是非持久的

C. FTP 的文件传输需要两条 TCP 连接

D. FTP 可以在不同类型的操作系统之间传输文件

4. 下列说法中，错误的是（　　）。【模拟题】

Ⅰ. 在 FTP 中，使用数据连接传输用户名和密码

Ⅱ. FTP 既可以使用 TCP，也可以使用 UDP，因为 FTP 本身具备差错控制能力

Ⅲ. SMTP 不但可以传输 ASCII 码数据，还可以传输二进制数据

Ⅳ. 在万维网中，使用 URL 来表示在 Internet 上得到的资源位置

A. Ⅰ、Ⅱ
B. Ⅰ、Ⅱ、Ⅲ
C. Ⅰ、Ⅲ
D. Ⅱ、Ⅲ

5. 以下协议不是应用层协议的是（　　）。【模拟题】

A. ICMP
B. DNS
C. RIP
D. BGP

6. 下列关于 POP3 协议的说法中，错误的是（　　）。【模拟题】

A. 由客户端而非服务器选择接收后是否将邮件保存在服务器上

B. 登录到服务器后，发送的密码是加密的

C. 协议是基于 ASCII 码的，不能发送二进制数据

D. 一个账号在服务器上只能有一个邮件接收目录

7. 使用 WWW 浏览器浏览网页时，用户可以用鼠标单击某个超链接，从协议分析的角度看，此浏览器首先要（　　）。【模拟题】

A. 进行 IP 地址到 MAC 地址的解析

B. 建立 TCP 连接

C. 进行域名到 IP 地址的解析

D. 建立会话连接，发出获取某个文件的命令

8. 下列技术中可以有效降低访问 WWW 服务器时延的是（　　）。【模拟题】

A. 高速传输线路

B. 高性能 WWW 服务器

C. WWW 高速缓存

D. 本地域名服务器

9. 下列有关应用服务的说法中，错误的是（　　）。【模拟题】

A. E-mail 以文本形式或 HTML 格式进行信息的传递，而图像等文件可以作为附件进行传递

B. 利用 FTP 服务不仅可以从远程计算机获取文件，还能将文件从本地机器传输到远程计算机

C. DNS 用于提供域名解析；BBS 用于信息的发布、浏览、讨论等服务

D. WWW 应用服务将主机变成远程服务器的一个虚拟终端

答案与解析

题号	1	2	3	4	5	6	7	8	9
答案	C	B	A	B	A	B	C	C	D

1. C【解析】本题考查 C/S 模型。客户端是服务请求方，服务器是服务提供方，二者的交互由客户端发起。客户端是连接的请求方，在连接未建立之前，服务器在端口 80 上监听，当连接确立以后会转到其他端口，而客户端的端口号不固定。这时客户端必须要知道服务器的地址才能发出请求，很明显服务器事先不需要知道客户端的地址。一旦连接建立以后，服务器就能主动发送数据给客户端（即浏览器显示的内容来自服务器），用于一些消息的通知（如一些错误的通知）。在 C/S 模型中，服务器端的端口号是默认的，而客户端的端口号通常都是动态分配的。

2. B【解析】本题考查 DNS 的基本组成。Internet 采用了层次树状结构的命名方法，任何一个连接在 Internet 上的主机或路由器，都有一个唯一的层次结构的名字，即域名（domain name），故需要有一个域名空间。这里的域（domain）是名字空间中一个可被管理的部分。域还可以被继续划分为子域，如二级域、三级域等。Internet 的 DNS 被设计成一个联机分布式数据库系统，并采用 C/S 模型。DNS 在本地解析大多数的域名，仅少量域名的解析需要在 Internet 上进行，因此 DNS 的效率很高。由于 DNS 是分布式系统，即使单台计算机出了故障，也不会妨碍整个系统的正常运行。域名的解析是由若干个域名服务器程序完成的，人们也常把运行该程序的机器称为域名服务器。DNS 的组成不包括从内部 IP 地址到外部 IP 地址的转换程序（这个是由具有 NAT 协议的路由器来实现的，和 DNS 没有关系）。

3. A【解析】本题考查 FTP 的工作原理和特点。FTP 使用两条 TCP 连接完成文件的传输，一条是控制连接，另一条是数据连接，所以选项 C 正确。在 FTP 中，控制连接在整个用户会话期间一直保持打开状态，而数据连接有可能为每次文件传输请求都重新打开一次，即数据连接是非持久的，而控制连接是持久的，所以选项 A 错误，选项 B 正确。FTP 可以在不同类型的操作系统之间传输文件，所以选项 D 正确。

4. B【解析】本题考查应用层协议 FTP、SMTP、URL 的工作原理和特点。
在 FTP 中，使用控制连接传输用户名和密码，故 I 说法错误。
FTP 在传输层需要使用 TCP，FTP 本身是不具备差错控制能力的，它使用 TCP 的可靠传输机制来保证数据的正确性，故 II 说法错误。
STMP 是一个基于 ASCII 码的协议，它只能传输 ASCII 码数据，如果需要传输非 ASCII 码的内容，则需要使用 MIME，故 III 说法错误。
URL 即统一资源定位符，是对可以从 Internet 上得到的资源位置和访问方法的一种简单表示。URL 为资源的位置提供了一种抽象的识别方法，并用这种方法给资源定位，故 IV 说法正确。

5. A【解析】本题考查多种协议所在的层。不同层所包含的协议如下。
① 数据链路层：PPP、HDLC 等。
② 网络层：ARP、ICMP、IP、OSPF 等。
③ 传输层：TCP、UDP 等。
④ 应用层：DHCP、RIP、BGP、DNS、FTP、POP3、SMTP、HTTP、MIME 等。

6. B【解析】本题考查 POP3 的基本概念。POP3 协议在传输层是使用明文来传输密码的，并不对密码进行加密，所以选项 B 错误。POP3 协议基于 ASCII 码，如果要传输非 ASCII 码的数据，则要使用 MIME 将数据转换成 ASCII 码形式。

7. C【解析】本题考查访问 WWW 服务器的过程。如果用户直接使用域名去访问一个 WWW 服务器，那么首先需要完成对该域名的解析任务。只有获得服务器的 IP 地址后，WWW 浏览器才能与 WWW 服务器建立连接，开始后续的交互。因此，从协议的执行过程来看，访问 WWW 服务器的第一步是域名解析。

8. C【解析】本题考查 WWW 高速缓存的作用。WWW 高速缓存将最近的一些请求和响应缓存在本地磁盘中，当与暂时存放的请求相同的新请求到达时，WWW 高速缓存就将暂存的响应发送出去，从而降低了广域网的带宽。

9. D【解析】本题主要考查应用层部分协议的功能。Telnet 将主机变成远程服务器的一个虚拟终端，所以选项 D 错误。在命令行方式下运行时，通过本地计算机传输命令，在远程计算机上运行相应程序，并将相应的运行结果传输到本地计算机上显示。

全真模拟题及答案解析

全真模拟题（一）

一、单项选择题（下列每题给出的四个选项中，只有一个选项是最符合题目要求的）

1. 若某通信链路的数据传输速率为2400bit/s，采用4相位调制，则该链路的波特率是（　　）。
   A. 9600Baud　　　　　　　　　　B. 4800Baud
   C. 1200Baud　　　　　　　　　　D. 600Baud

2. 下列选项中，不属于物理层接口规范定义范畴的是（　　）。
   A. 接口形状　　　　　　　　　　B. 引脚功能
   C. 物理地址　　　　　　　　　　D. 信号电平

3. 在CRC校验中，多项式 $P(X)=X^5+X^3+X+1$ 对应的二进制序列为（　　）。
   A. 101011　　　　　　　　　　　B. 10101
   C. 111011　　　　　　　　　　　D. 以上均不正确

4. 有10台计算机，若分别连接到10Mbit/s的以太网集线器上、100Mbit/s的以太网集线器上、10Mbit/s的以太网交换机上，则每一台计算器平均得到的带宽分别是（　　）。
   A. 10Mbit/s、100Mbit/s、100Mbit/s　　B. 1Mbit/s、10Mbit/s、10Mbit/s
   C. 10Mbit/s、100Mbit/s、10Mbit/s　　　D. 1Mbit/s、100Mbit/s、100Mbit/s

5. 一个B类地址的子网掩码是255.255.240.0，其每个子网上的主机数为（　　）。
   A. 4096　　　　　　　　　　　　B. 4094
   C. 2048　　　　　　　　　　　　D. 1024

6. 路由器工作在OSI参考模型的（　　）。
   A. 物理层　　　　　　　　　　　B. 数据链路层
   C. 传输层　　　　　　　　　　　D. 网络层

7. 关于TIME-WAIT状态的描述，下列说法错误的是（　　）。
   A. TIME-WAIT出现在被动关闭的一方，CLOSE-WAIT出现在主动关闭的一方
   B. 从TIME-WAIT状态到CLOSED状态有一个超时设置，这个超时设置是2MSL
   C. TIME-WAIT确保有足够的时间让对端收到了ACK，如果被动关闭的那方没有收到

ACK，就会触发被动端重发 FIN，一来一去正好 2 个 MSL
D. 有足够的时间让这个连接不会跟后面的连接混在一起

8. 下列给出的协议中，（　　）是 TCP/IP 应用层协议。
A. TCP 和 FTP　　　　　　　　　B. DNS 和 SMTP
C. RARP 和 DNS　　　　　　　　D. IP 和 UDP

二、综合应用题

1. 某单位被分配到 C 类地址块 192.169.1.0/24，该单位有 3 个部门，分别为销售部、市场部、研发部。为了安全起见，网络管理员要把各部门分在不同的子网，其中销售部有 124 台主机，市场部有 62 台主机，研发部有 36 台主机。假如你是本公司的网络管理员，请将各部门的子网号、广播地址和可用的主机地址范围填写到下表。

	子网号/掩码位数	广播地址/掩码位数	起始地址/掩码位数	结束地址/掩码位数
销售部				
市场部				
研发部				

2. 一个数据报的长度为 4000B（固定首部长度）。现在经过一个网络传送，但此网络能够传送的最大数据长度为 1500B。试问应当划分为几个短一些的数据报片？各数据片段的数据字段长度、片段偏移字段和 MF 标志应该为何值？

全真模拟题（一）答案及解析

一、单项选择题

题号	1	2	3	4	5	6	7	8
答案	C	C	A	B	B	D	A	B

1. C【解析】本题考查波特率和数据传输速率的关系。波特率 B 与数据传输速率 C 的关系为 $C = B\log_2 N$，N 为一个码元所取的离散值个数。采用 4 种相位，即可表示 4 种变化，因此一个码元可携带 2（$\log_2 4=2$）比特信息。于是，该链路的波特率 = 比特率/每码元所含比特数 =2400/2=1200(Baud)。

2. C【解析】本题考查物理层的基本概念。物理层的接口规范主要分为 4 种：机械特性、电气特性、功能特性、过程特性。机械特性规定连接所用设备的规格，如 A 选项所说的接口形状。电气特性规定各条线路上的电压范围、阻抗匹配等，如 D 选项所说的信号电平。功能特性规定线路上出现的电平表示何种意义及每条线路的功能，如 B 选项所说的引脚功能。C 选项中的物理地址是 MAC 地址，它属于数据链路层的范畴。

3. A【解析】本题考查 CRC 校验中生成多项式与二进制的转换。$P(X) = X^5+X^3+X+1 = 1×X^5+0×X^4+1×X^3+0×X^2+1×X+1×X^0$，多项式中的系数 101011 就是二进制序列。

4. B【解析】本题考查计算机网络中集线器和交换机的工作原理。集线器使用的是共享信道的方式，所有连接到集线器上的主机理论上平分总的带宽，而交换机使用的是交换的方式，每台使用交换机连接的计算机独享交换机的带宽。

5. B【解析】本题考查子网中主机数的计算方法。由子网掩码可知，该子网掩码中的网络号有 20 位、主机号有 12 位，主机数 $=2^{12}-2 = 4096-2 = 4094$（主机号为全 0 和全 1 的 IP 地址不能用于主机 IP 地址的分配）。

6. D【解析】本题考查路由器的功能。路由器能够实现不同网段之间选择路径的功能，能够根据数据包的目的 IP 地址进行数据转发，属于网络层设备。

7. A【解析】本题考查 TCP 连接释放过程的状态转换。TCP 连接释放过程如下图所示。

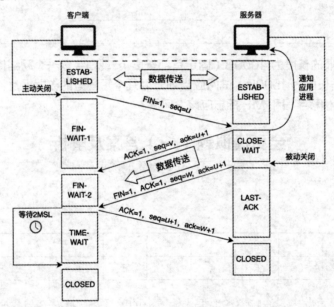

TIME-WAIT 出现在主动关闭的一方，CLOSE-WAIT 出现在被动关闭的一方。

8. B【解析】本题考查 TCP/IP 的应用层协议。TCP 和 UDP 是传输层协议。RARP 在 TCP/IP 模型中是网络层协议，在 OSI 参考模型中是数据链路层协议。IP 是网络层协议。FTP、SMTP 和 DNS 都是应用层协议。

二、综合应用题

1.【答案】本题考查子网划分相关知识点。由题意可知，该单位被分配到 C 类地址块 192.169.1.0/24，表示前 24 位为网络号，所以网络管理员只能在最后 8 位中借用一定的位作为子网号，因为 3 个部门的主机数要求不同，所以需要进行子网划分，其中各个网段的子网掩码位数不相同。

首先满足销售部 124 台主机的需求。由于 $2^6<124<2^7$，所以销售部可以分得 192.169.1.0/25（即子网掩码 255.255.255.128）网段，其中主机号为最后 7 位，全 0 为本子网的网络地址，全 1 为本子网的广播地址，可分配给主机的地址范围为 192.169.1.1 ~ 192.169.1.126。

其次满足市场部 62 台主机的需求。由于 $2^5<62<2^6$，所以市场部可分配的网段为 192.169.1.128/26，子网掩码为 255.255.255.192，其中主机号为最后 6 位，全 0 为本子网的网络地址，全 1 为本子网的广播地址，可分配给主机的地址范围为 192.169.1.129 ~ 192.169.1.190。

最后满足研发部 36 台主机的需求。由于 $2^5<36<2^6$，研发部可分配的网段为 192.169.1.192/26，子网掩码为 255.255.255.192，其中主机号为最后 6 位，全 0 为本子网的网络地址，全 1 为本子网的广播地址，可分配给主机的地址范围为 192.169.1.193 ~ 192.169.1.254。

	子网号 / 掩码位数	广播地址 / 掩码位数	起始地址 / 掩码位数	结束地址 / 掩码位数
销售部	192.169.1.0/25	192.169.1.127/25	192.169.1.1/25	192.169.1.126/25
市场部	192.169.1.128/26	192.169.1.191/26	192.169.1.129/26	192.169.1.190/26
研发部	192.169.1.192/26	192.169.1.255/26	192.169.1.193/26	192.169.1.254/26

2.【答案】本题考查 IP 数据报的划分。根据题意，数据报的长度为 4000B，有效载荷为 4000-20=3980(B)。网络能传送的最大有效载荷为 1500-20=1480(B)，因此应分为 3 个短些的数据报片，各数据报片的数据字段长度分别为 1480B、1480B 和 1020B。片段偏移字段的单位为 8B，1480÷8=185，（1480×2）÷8=370，因此片段偏移字符的值分别为 0、185、370。当 MF=1 时，代表后面还有分片；当 MF=0 时，代表后面没有分片，因此 MF 字段的值分别为 1、1 和 0。MF=0，不能确定是独立的数据报，还是分片得来的数据报片。只有当 MF=0 且片段偏移字段 >0 时，才能确定是分片的最后一个分片。

全真模拟题（二）

一、单项选择题（下列每题给出的四个选项中，只有一个选项是最符合题目要求的）

1. 一座大楼内的一个计算机网络系统属于（　　）。
   A. WAN　　　　　　　　　　　　B. MAN
   C. LAN　　　　　　　　　　　　D. PAN

2. 在无噪声情况下，若某通信链路的带宽为 4kHz，采用 8 个相位的调制技术，则该通信链路的最大数据传输速率为（　　）。
   A. 12kbit/s　　　　　　　　　　B. 24kbit/s
   C. 48kbit/s　　　　　　　　　　D. 96kbit/s

3. 现将一个 IP 网络划分为 3 个子网，若其中一个子网是 192.168.9.128/26，则下列网络中不可能是另外两个子网之一的是（　　）。
   A. 192.168.9.0/25　　　　　　　B. 192.168.9.0/26
   C. 192.168.9.192/26　　　　　　D. 192.168.9.192/27

4. 下列不属于数据链路层必须解决的 3 个基本问题的是（　　）。
   A. 帧定界　　　　　　　　　　　B. 透明传输
   C. 差错检测　　　　　　　　　　D. 信道复用

5. 下列有关 NAT 的说法正确的是（　　）。
   A. 装有 NAT 的路由器叫作 NAT 路由器，它至少有 4 个有效的全球 IP 地址
   B. 装有 NAT 的路由器叫作 NAT 路由器，它至少有 3 个有效的全球 IP 地址
   C. 装有 NAT 的路由器叫作 NAT 路由器，它至少有 2 个有效的全球 IP 地址
   D. 装有 NAT 的路由器叫作 NAT 路由器，它至少有 1 个有效的全球 IP 地址

6. 假设客户端 C 和服务器 S 已建立一个 TCP 连接，通信往返时间 (RTT) 为 50ms，最长报文段寿命 (MSL) 为 800ms，数据传输结束后，客户端 C 主动请求断开连接。若从客户端 C 主动向服务器 S 发出 FIN 段时刻算起，则客户端 C 和服务器 S 进入 CLOSED 状态所需的时间至少分别是（　　）。
   A. 850ms，75ms　　　　　　　　B. 1650ms，75ms
   C. 850ms，50ms　　　　　　　　D. 1650ms，50ms

7. TCP 中发送窗口的大小应该是（　　）。
   A. 拥塞窗口的大小

B. 通知窗口的大小

C. 通知窗口和拥塞窗口中较小的一个

D. 通知窗口和拥塞窗口中较大的一个

8. 直接封装 RIP、OSPF、BGP 报文的协议分别是（　　）。
   A. TCP、UDP、IP
   B. TCP、IP、UDP
   C. UDP、TCP、IP
   D. UDP、IP、TCP

二、综合应用题

1. 假定网络中路由器 A 的路由表有如下项目。

目的网络	距离	下一跳路由器
N1	4	B
N2	2	C
N3	1	F
N4	5	G

现在路由器 A 收到从路由器 C 发来的路由信息，如下表所示。

目的网络	距离
N1	2
N2	1
N3	3
N4	7

试求路由器 A 更新后的路由表。

2. 在 4 个 "/24" 地址块中进行最大可能的聚合：212.56.132.0/24、212.56.133.0/24、212.56.134.0/24、212.56.135.0/24。

全真模拟题（二）答案及解析

一、单项选择题

题号	1	2	3	4	5	6	7	8
答案	C	B	B	D	D	B	C	D

1. C【解析】本题考查计算机网络的分类。WAN 是广域网，覆盖范围可以是一个或多个国家，作用距离可达几千千米，是 Internet 的核心部分。MAN 是城域网，覆盖范围可以延伸到

整个城市，作用距离为 5~50km。LAN 是局域网，一般用微型计算机或工作站通过高速通信线路相连，通常局限在 10m~10km 范围之内。PAN 是个人区域网，是把个人使用的电子设备用无线技术连接起来的网络，覆盖范围大约为 10m。

2. B【解析】本题考查奈奎斯特定理。在无噪声条件下，根据奈奎斯特定理公式 $C=2W\log_2 V$，其中 W 为信道的带宽，即信道传输上、下限频率的差值，单位为 Hz，V 为一个码元所取的离散值个数。题目中 W=4kHz，8 个相位表示一个码元能取 8 个离散值，将数值代入公式得 C=24kbit/s。

3. B【解析】本题考查子网的划分。子网划分的原则是划分出来的子网 IP 地址空间互不重叠，且原来的 IP 地址空间不遗漏。求解本题最好的方法是直接带入选项，观察是否可以将原 IP 地址空间分割成 3 个互不重叠的子网。根据题意，将 IP 网络划分为 3 个子网，其中一个是192.168.9.128/26，可简写为 10/26。同理，选项 A 可简写为 0/25，选项 B 可简写为 00/26，选项 C 可简写为 11/26，选项 D 可简写为 110/27。采用二叉树形式画出这些子网的地址空间，如下图所示。

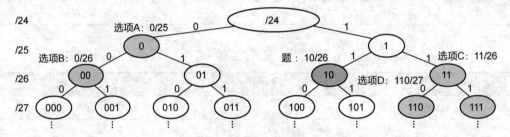

对于选项 A 和选项 C，可以组成 0/25、10/26、11/26 这 3 个互不重叠的子网。对于选项 D，可以组成 10/26、110/27、111/27 这 3 个互不重叠的子网。但对于选项 B，要想将一个 IP 网络划分为几个互不重叠的子网，3 个是不够的，至少需要划分为 4 个子网：00/26、01/26、10/26、11/26。

4. D【解析】本题考查数据链路层解决的 3 个基本问题。数据链路层解决的 3 个基本问题是封装成帧（帧定界）、透明传输和差错检测。

5. D【解析】本题考查 NAT 的相关知识。装有 NAT 的路由器叫作 NAT 路由器，这个路由器至少有一个有效的全球 IP 地址。

6. B【解析】本题考查 TCP 连接释放的时间。题目问的是最少时间，所以当服务器 S 收到客户端 C 发送的 FIN 请求后不再发送数据，即服务器 S 同时发出确认 ACK 报文段和连接释放 FIN 报文段，忽略 FIN-WAIT-2 和 CLOSE-WAIT 状态。客户端 C 收到服务器 S 发来的 FIN 报文段后，进入 CLOSED 状态还需等到 TIME-WAIT 结束，总用时至少为 1RTT+2MSL=50+800×2=1650(ms)。服务器 S 进入 CLOSED 状态需要经过 3 次报文段的传输时间，即 1.5RTT=75(ms)。TCP 连接释放过程如下页图所示。

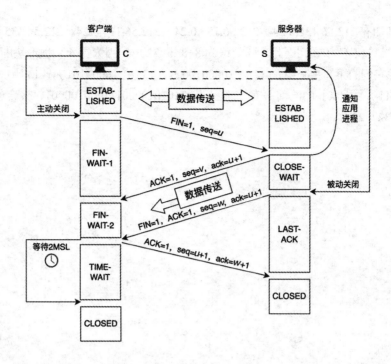

7．C【解析】本题考查 TCP 发送窗口的计算。TCP 中发送窗口的大小应该是通知窗口和拥塞窗口中较小的一个。

8．D【解析】本题考查常用协议的定义。RIP 是一种分布式的基于距离向量的路由选择协议，它通过广播 UDP 报文来交换路由信息。OSPF 是一个内部网关协议，要交换的信息量较大，应使报文的长度尽量短，所以不使用传输层协议（如 UDP 或 TCP），而直接采用 IP。BGP 是一个外部网关协议，在不同自治系统之间交换路由信息，因为网络环境复杂，需保证可靠传输，所以采用 TCP。

二、综合应用题

1．【答案】路由器 A 更新后的路由表如下表所示。

目的网络	距离	下一跳路由器	对比原表是否有改动
N1	3	C	不同的下一跳，距离更短，改变
N2	2	C	不同的下一跳，距离一样，不改变
N3	1	F	不同的下一跳，距离更大，不改变
N4	5	G	不同的下一跳，距离更大，不改变

2．【答案】本题考查路由聚合。因为一个 CIDR 地址块中可以包含很多地址，所以路由表中就利用 CIDR 地址块来查找目的网络，这种地址的聚合常称为路由聚合。

本题中已知有 212.56.132.0/24、212.56.133.0/24、212.56.134.0/24、212.56.135.0/24 地址块，可知第 3 个字节前 6 位相同，因此共同前缀为 8+8+6=22 位，因为这 4 个地址块的第 1、2 个字节相同，考虑它们的第 3 个字节：132=（10000100）$_2$，133=（10000101）$_2$，134=（10000110）$_2$，135=（10000111）$_2$，所以共同的前缀有 22 位，即 1101010000111000100001，聚合的 CIDR 地址块是 212.56.132.0/22。